浙江省普通高校"十三五"新形态教材
1+X 职业技能等级证书课证融通教材

工业机器人
应用编程与集成技术

主　编　王哲禄　何红军
副主编　周庆慧　涂郁潇颖
参　编　杨清全　陈志青　董玲娇　刘路明　程向娇　龙茂辉

Application Programming and Integration
Technology of Industrial Robots

机械工业出版社
CHINA MACHINE PRESS

本书为浙江省普通高校"十三五"新形态教材。本书以北京赛育达科教有限公司工业机器人应用编程（亚龙FANUC）平台为例，对接1+X职业技能等级证书标准。全书共有5个学习项目，主要内容包括工业机器人技术基础、工业机器人离线编程、工业机器人示教编程、工业机器人机器视觉、工业机器人工作站应用编程及集成。本书按照"项目目标—项目描述—相关知识—项目实施—项目评价—项目反馈—项目拓展"七步法进行设计，融入了爱国、严谨、求实、创新和协同等素质教育元素。本书根据"项目导向、任务驱动"设计教学内容，旨在使学生在实际应用中学会工业机器人的基本知识和操作编程技能。

本书配备的教学资源丰富，包括微课教学视频、教学设计、电子课件和授课计划等，读者可登录机械工业出版社教育服务网（www.cmpedu.com）或者登录浙江省高等学校在线开放课程平台（www.zjooc.cn）免费注册后下载或在线观看。

本书可作为高等职业院校以及应用型本科院校的工业机器人技术、电气自动化技术、机电一体化技术和工业过程自动化技术等专业的教材，也可作为相关工程技术人员继续教育的培训教材。

图书在版编目（CIP）数据

工业机器人应用编程与集成技术/王哲禄，何红军主编. —北京：机械工业出版社，2022.9

浙江省普通高校"十三五"新形态教材　1+X职业技能等级证书课证融通教材

ISBN 978-7-111-71472-9

Ⅰ.①工…　Ⅱ.①王…②何…　Ⅲ.①工业机器人-程序设计-高等职业教育-教材②工业机器人-系统集成技术-高等职业教育-教材　Ⅳ.①TP242.2

中国版本图书馆CIP数据核字（2022）第154767号

机械工业出版社（北京市百万庄大街22号　邮政编码100037）
策划编辑：薛　礼　　　　　责任编辑：薛　礼
责任校对：张晓蓉　王　延　封面设计：张　静
责任印制：常天培
北京机工印刷厂有限公司印刷
2022年11月第1版第1次印刷
184mm×260mm・9印张・218千字
标准书号：ISBN 978-7-111-71472-9
定价：35.00元

电话服务　　　　　　　　　网络服务
客服电话：010-88361066　　机　工　官　网：www.cmpbook.com
　　　　　010-88379833　　机　工　官　博：weibo.com/cmp1952
　　　　　010-68326294　　金　书　网：www.golden-book.com
封底无防伪标均为盗版　　　机工教育服务网：www.cmpedu.com

Industrial Robot

前言

本书是以国家级职业教育教师教学创新团队课题（课题编号：SJ2020010102）和浙江省高等教育"十三五"第二批教学改革研究项目（项目编号：jg20190734）为支撑建设的1+X课证融通教材，并入选2020年浙江省普通高校"十三五"新形态教材建设项目。

工业机器人是当前先进制造业发展的重要领域之一。为贯彻落实《国家职业教育改革实施方案》，积极推动"学历证书+若干职业技能等级证书"制度，积极推进"工业机器人技术"和"智能制造"专业建设，为培养"制造强国战略"所急需的高素质技术技能人才的教育和培训提供科学、规范的依据，教育部公布了1+X证书制度试点的培训评价组织名单，其中"工业机器人应用编程"是1+X证书试点之一，受到了广泛关注。

基于"岗课赛证"教学模式改革，探索开发1+X证书标准的课证融通教材是新时代职业教育改革的迫切需求。探索开发基于"项目导向、任务驱动"，以工业机器人1+X职业技能等级证书培训设备为载体，面向实际工作过程的"新形态"教材，对于辅学辅教具有十分重要的意义。

基于上述背景，并以高等职业院校和应用型本科院校的工业机器人技术、机电一体化、电气自动化技术及相关专业的人才培养岗位能力要求为依据，课题组成员温州职业技术学院王哲禄、何红军、周庆慧等，以及亚龙智能装备集团股份有限公司龙茂辉共同编写了本书。参与编写本书的教师团队曾获得全国职业院校教学能力比赛三等奖、浙江省职业院校教学能力比赛一等奖和"活力温台"教师教学能力比赛一等奖，陈昌安作为国家技能大师工作室领办人对本书的编写给予了指导。

本书在编写过程中借鉴行动导向教育理念，按照"项目目标—项目描述—相关知识—项目实施—项目评价—项目反馈—项目拓展"七步法进行教学设计，融入了爱国、严谨、求实、创新和协同等素质教育元素，将工业机器人应用技术的核心能力点、知识点和思政点融入典型项目中。全书5个项目中的内容相互关联，难易程度由低到高，读者通过完成渐次复杂的工作任务，可逐步提升工程实践能力，掌握工业机器人系统的集成和应用方法。

本书在编写过程中参阅了许多同行、专家的教材和资料，得到了不少的灵感和启发，在此致以深深的谢意！由于编者水平有限，书中难免有不足或欠缺之处，敬请读者批评指正。

编 者

二维码索引

名　　称	二维码	页码	名　　称	二维码	页码
认识工业机器人应用编程实训工作站		9	工业机器人程序的导入与导出		45
工业机器人工作站启动及手持示教器		12	工作站轨迹规划及自动生成		47
切割机器人工作单元创建		27	切割机器人工作站轨迹仿真		47
工业机器人切割工作站模块导入及布局		31	三点示教法创建工具坐标		51
工具和工件坐标系的设定		35	六点示教法创建工具坐标		51
工作站轨迹规划及自动生成		36	三点示教法创建用户坐标		53
切割机器人工作站轨迹仿真		39	工业机器人关节运动		53
Roboguide 软件与工业机器人连接		44	工业机器人线性运动		54

(续)

名　　称	二维码	页码	名　　称	二维码	页码
工业机器人程序的创建与运行		56	工业机器人视觉模块的光源调试		89
工业机器人程序的编辑		57	工业机器人的视觉检测		90
工业机器人三角形轨迹模块		62	工业机器人电动机装配应用编程及集成实训		106
工业机器人平面风车轨迹模块		62	工业机器人工作站 PLC 编程		110
工业机器人整圆轨迹模块		63	传送带视觉分拣流水线实训		119
工业机器人凹字图形轨迹模块		63			

目录

- 前言
- 二维码索引
- **项目1　工业机器人技术基础 / 1**

  项目目标 / 1
  项目描述 / 1
  相关知识 / 2
  　　知识1.1　工业机器人的定义、发展及应用 / 2
  　　知识1.2　工业机器人的组成及技术参数 / 4
  　　知识1.3　工业机器人的编程方式 / 7
  　　知识1.4　工业机器人安全操作规范 / 8
  　　知识1.5　工业机器人应用编程1+X证书简介 / 8
  项目实施 / 9
  　　任务1.1　认识工业机器人应用编程实训工作站 / 9
  　　任务1.2　工业机器人工作站启动及手持示教器 / 12
  项目评价 / 16
  项目反馈 / 17
  项目拓展 / 17

- **项目2　工业机器人离线编程 / 18**

  项目目标 / 18
  项目描述 / 19
  相关知识 / 20
  　　知识2.1　工业机器人离线编程与虚拟仿真概述 / 20
  　　知识2.2　ROBOGUIDE界面介绍和基本操作 / 22
  　　知识2.3　常用功能介绍 / 24
  项目实施 / 27
  　　任务2.1　构建切割工业机器人工作站 / 27
  　　任务2.2　工业机器人切割轨迹生成与仿真 / 35
  　　任务2.3　工业机器人离线编程验证调试 / 44
  项目评价 / 46

项目反馈 / 46
项目拓展 / 46

项目 3　工业机器人示教编程 / 49

项目目标 / 49
项目描述 / 49
相关知识 / 50
　　知识 3.1　FANUC 机器人运动控制 / 50
　　知识 3.2　FANUC 机器人编程指令 / 54
　　知识 3.3　FANUC 机器人程序的创建与运行 / 56
项目实施 / 59
　　任务 3.1　工业机器人轨迹模块实训 / 59
　　任务 3.2　多边形搬运模块实训 / 64
　　任务 3.3　码垛模块实训 / 68
项目评价 / 73
项目反馈 / 74
项目拓展 / 74

项目 4　工业机器人机器视觉 / 76

项目目标 / 76
项目描述 / 76
相关知识 / 77
　　知识 4.1　机器视觉系统概述 / 77
　　知识 4.2　机器视觉硬件系统 / 80
　　知识 4.3　机器视觉软件系统 / 85
项目实施 / 88
　　任务 4.1　电动机模块检测实训 / 88
　　任务 4.2　称重模块实训 / 95
项目评价 / 97
项目反馈 / 97
项目拓展 / 97

项目 5　工业机器人工作站应用编程及集成 / 99

项目目标 / 99
项目描述 / 100
相关知识 / 100
　　知识 5.1　FANUC 机器人与 S7-1200 通信编程 / 100
　　知识 5.2　多工位旋转供料模块应用 / 103
　　知识 5.3　变位机模块应用 / 103
　　知识 5.4　传送带运输模块 / 103

知识 5.5　RFID 模块应用 / 104
项目实施 / 106
　　任务 5.1　电动机装配应用编程及集成实训 / 106
　　任务 5.2　传送带视觉分拣流水线实训 / 119
项目评价 / 126
项目反馈 / 127
项目拓展 / 127

▶ 附录　工业机器人应用编程 X 证书标准 / 130

▶ 参考文献 / 134

项目1 工业机器人技术基础

项目目标

知识目标
1. 了解工业机器人的定义、发展及应用。
2. 熟悉工业机器人的组成及技术参数。
3. 熟悉工业机器人的编程方式。
4. 掌握工业机器人安全操作规范。

技能目标
1. 能够正确识别工业机器人的基本组成。
2. 能进行简单的机器人示教器操作。
3. 能够熟练使用示教器操作工业机器人,实现启动、关机与紧急停止。

素养目标
1. 解读我国制造强国战略的内涵,明确学习这门课的重要性,初步进行职业规划。
2. 了解工业机器人的发展概况及在中国制造业的地位,机器人技术在智能制造中的作用,培养学生热爱中国制造、勇于奉献的职业素养。

1+X 证书技能映射

	工业机器人应用编程证书技能要求(中级)
1.1.3	能够根据工作任务要求设置工业机器人的工作空间
1.2.1	能够根据操作手册使用示教器配置亮度、校准等参数
1.2.2	能够根据用户需求配置示教器的预定义键

项目描述

工业机器人应用编程人员要学习工业机器人的基础知识。通过认识工业机器人应用编程实训工作站、工业机器人工作站启动及手持示教器2个任务,学生应了解工业机器人的定义、发展及应用,工业机器人的组成及技术参数,掌握工业机器人的在线编程、离线编程和工业机器人安全操作规范,掌握工业机器人应用编程工作站的组成及功能特点,掌握机器人示教器的基本结构、示教器基本参数设置方法,掌握工业机器人启动、关机、紧急停止等基本技能,熟悉我国制造强国战略的内涵,培养爱国主义精神,推动制造业跨越发展,为实现"两个百年"奋斗目标和中华民族伟大复兴做出自己的贡献。

相关知识

知识 1.1 工业机器人的定义、发展及应用

1. 工业机器人的定义

工业机器人是广泛应用于工业领域的多关节机械手或多自由度的机器装置，具有一定的自动性，可依靠自身的动力能源和控制能力实现各种工业加工制造功能。工业机器人被广泛应用于电子、物流和化工等各个工业领域之中。

近年来，工业机器人技术和产业迅速发展，在生产中的应用日益广泛，已成为现代制造中重要的高度自动化装备。自 20 世纪 60 年代初第一代机器人在美国问世以来，对工业机器人的研制和应用有了飞速的发展。工业机器人最显著的特点如下：

1）可编程。生产自动化的进一步发展是柔性自动化。工业机器人可随其工作环境变化的需要而再编程，因此它在小批量、多品种、具有均衡高效率的柔性制造过程中能发挥很好的功用，是柔性制造系统（FMS）中的重要组成部分。

2）拟人化。工业机器人在机械结构上有类似人的腰部、大臂、小臂、手腕和手爪等部分，可由计算机进行控制。此外，智能化工业机器人还有许多类似人的"生物传感器"，如皮肤型接触传感器、力传感器、视觉传感器、声觉传感器以及语言功能等。传感器提高了工业机器人对周围环境的自适应能力。

3）通用性。除了专门设计的专用工业机器人外，一般工业机器人在执行不同的作业任务时具有较好的通用性。比如，更换工业机器人手部末端执行器（手爪、工具等）便可执行不同的作业任务。

4）机电一体化。工业机器人技术涉及的学科相当广泛，但是归纳起来是机械学和微电子学的结合——机电一体化技术。第三代智能机器人不仅具有获取外部环境信息的各种传感器，还具有记忆能力、语言理解能力、图像识别能力及推理判断能力等，这些都和微电子技术的应用，特别是计算机技术的应用密切相关。因此，机器人技术的发展必将带动其他技术的发展，机器人技术的发展和应用水平也可以验证一个国家科学技术和工业技术的发展水平。

2. 工业机器人的发展

20 世纪 50 年代末，工业机器人最早开始投入使用。约瑟夫·恩格尔贝格（Joseph F·Englberger）利用伺服系统的相关灵感，与乔治·德沃尔（George·Devol）共同开发了一台工业机器人——尤尼梅特（Unimate），率先于 1961 年在通用汽车的生产车间里开始使用，如图 1-1 所示。

1967 年，日本由川崎重工业公司从美国 Unimation 公司引进机器人及其技术，建立起生产车间，并于 1968 年试制出第一台川崎的"尤尼曼特"机器人。到 20 世纪 80 年代中期，日本一跃成为"机器人王国"，其机器人的产量和安装的台数在国际上跃居首位。按照日本产业机器人工业会常务理事米本完二的说法：日本机器人的发展经过了 20 世纪 60 年代的摇篮期，70 年代的实用期以及 80 年代的普及提高期。1980 年被定为产业机器人的普及元年，机器人开始在各个领域内被广泛推广使用。在当前国际上的工业机器人四大家族中，日本的

项目1 工业机器人技术基础

图 1-1 世界上第一代工业机器人 Unimate

FANUC 和 Yaskawa 占据两位，另外两家是瑞士的 ABB 和德国的 KUKA。

我国的工业机器人发展起步比较晚，先后经历了 20 世纪 70 年代的萌芽期、80 年代的开发期和 90 年代的适用化期。1972 年，中国科学院沈阳自动化所开始了机器人的研究工作，经过多年的发展，我国有关机器人的研究有了长足的进步，有的方面已经达到了世界先进水平。机器人被誉为"制造业皇冠顶端的明珠"，其研发、制造和应用是衡量一个国家科技创新和高端制造业水平的重要标志。

作为国内首批"机器人技术国家工程研究中心"，新松机器人自动化股份有限公司从事机器人及自动化前沿技术的研制、开发与应用。其系列机器人的应用主要涵盖点焊、弧焊、搬运、装配、涂胶、喷涂、浇注、注塑和水切割等，广泛应用于汽车及其零部件制造、摩托车、工程机械、冶金、电子装配、物流、烟草、五金交电、军事等行业。目前，机器人系列技术及应用、自动化成套技术装备以及仓储物流自动化技术装备已形成新松公司三大主导产业领域，旨在为用户提供卓越的技术和服务，已累计推出了多种机器人系统，是市场上极具竞争力的机器人及自动化技术和服务解决方案提供商，也是国内进行机器人研究开发与产业化应用的主导力量。

哈尔滨工业大学历经多年的基础理论与应用研究，已开发出管内补口喷涂作业机器人、激光内表面淬火机器人和管内 X 射线检测机器人。这几种机器人已分别应用于"陕-京"天然气管线工程 X 射线检测、上海浦东国际机场内防腐补口、大庆油田内防腐及抽油泵内表面处理等重要的管道工程。

中国智能机器人和特种机器人在国家 863 计划的支持下，也取得了显著的成果，其中 6000m 水下无缆机器人的成果居世界领先水平。该机器人在 1995 年深海试验获得成功，使中国能够对大洋海底进行精确、高效、全覆盖的观察、测量、储存和进行实时传输，并能精确绘制深海矿区的二维、三维海底地形地貌图，推动了中国海洋科技的发展。

目前，中国工业机器人综合实力持续增强，产业规模快速增长，市场稳居全球第一，其应用领域已经覆盖汽车、电子、冶金、轻工、石化和医药等 52 个行业大类，正极大地改变着人们的生产方式，推动我国制造强国战略稳步向前，实现制造业跨越式发展，助力实现"两个百年"奋斗目标和中华民族伟大复兴。

3. 工业机器人的应用

工业机器人应用场景比较多，很多实际工业应用场景存在对人体不利的情况，使用工业机器人可避免这种场景对人体的伤害。工业机器人典型应用主要包括搬运码垛、焊接、喷涂、装配、分拣和视觉检测等。其工作站硬件组成主要以工业机器人为核心，利用安装在机器人本体上的末端执行器，配合外围的应用设备，对工件对象进行加工、制造等操作。工业机器人控制系统主要包括工业机器人控制柜，配合外围的控制系统（如PLC）进行工作站和自动生产线的控制。图1-2～图1-7所示为工业机器人已经应用到的各个领域，有效提高了生产效率，对我国制造业发展具有重要的产业价值和经济价值。

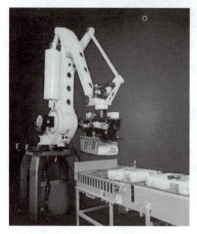

图1-2　搬运码垛工业机器人

图1-3　焊接工业机器人

图1-4　喷涂工业机器人

图1-5　装配工业机器人

图1-6　分拣并联机器人

图1-7　视觉检测工业机器人

知识1.2　工业机器人的组成及技术参数

1. 工业机器人的组成

工业机器人一般由三部分组成，即机器人本体、控制器和示教器。本书以FANUC典型产品LR Mate 200iD/4S为应用对象进行相关介绍和应用分析，其组成结构如图1-8所示。

（1）机器人本体　机器人本体又称为操作机，它是用来完成各种作业的执行机构，主要由机械臂、驱动装置、传动装置和内部传感器组成。对于六轴串联机器人而言，其机械臂

 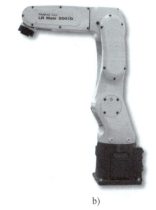 

a) b) c)

图 1-8 FANUC 工业机器人结构组成

主要包括基座、腰部、手臂（大臂和小臂）和手爪。

（2）控制器　LR Mate 200iD/4S 机器人一般采用 R-30iB Mate 型控制器，其面板和接口的主要构成有操作面板、断路器、USB 端口、连接电缆和散热风扇单元。

（3）示教器　示教器是工业机器人的人机交互接口，工业机器人的绝大部分操作均可以通过示教器来完成，如启动机器人系统，编写、测试和运行机器人程序，设定、查阅机器人状态设置和位置等。示教器通过电缆与控制器连接。

2. 工业机器人的主要技术参数

工业机器人的技术参数反映了机器人的适用范围和工作性能，是选择、使用机器人必须考虑的问题。尽管各机器人厂商所提供的技术参数不完全一样，机器人的结构、用途以及用户的要求也不尽相同，但其主要技术参数一般包括自由度、工作空间、额定负载、最大工作速度和工作精度等。

（1）自由度　自由度是物体能够对坐标系进行独立运动的数目，末端执行器的动作不包括在内。作为机器人的技术参数，自由度反映了机器人动作的灵活性，可用轴的直线移动、摆动或旋转动作数目来表示。采用空间开链连杆机构的机器人，因每个关节运动副仅有一个自由度数，所以机器人的自由度数就等于它的关节数。

（2）额定负载　额定负载也称持重，正常操作条件下，它是作用于机器人手腕末端，且不会使机器人性能降低的最大载荷。目前使用的工业机器人负载范围为 0.5~800kg。

（3）工作精度　机器人的工作精度主要指定位精度和重复定位精度。工业机器人的定位精度称为绝对精度，是指机器人末端执行器实际到达位置与目标位置之间的差异程度。重复定位精度简称重复精度，是指机器人重复定位其末端执行器于同一目标位置的能力。

（4）工作空间　工作空间也称工作范围、工作行程，指工业机器人在执行任务时，其手腕参考点所能掠过的空间。

（5）最大工作速度　最大工作速度是指在各轴联动的情况下，机器人手腕中心所能达到的最大线速度。这在生产中是影响生产效率的重要参数，因生产厂家不同而标注不同，一般都会在技术参数中加以说明。很明显，最大工作速度越高，生产效率就越高；然而，工作速度越高，对机器人最大加速度的要求就越高。

除上述五项技术参数外，还应注意机器人控制方式、驱动方式、安装方式、存储容量、插补功能、语言转换、自诊断与自保护以及安全保障功能等。FANUC 机器人 LR Mate 200iD 系列机器的技术参数见表 1-1。

表 1-1 FANUC 机器人 LR Mate 200iD 系列机器的技术参数

机 型		LR Mate 200iD	LR Mate 200iD/7C LR Mate 200iD/7WP	LR Mate 200iD/7H	LR Mate 200iD/7L	LR Mate 200iD/7LC	LR Mate 200iD/4S	LR Mate 200iD/4SC	LR Mate 200iD/4SH
控制轴数		6轴		5轴	6轴		6轴		5轴
可达半径		717mm			911mm		550mm		
安装方式（注释2）		地面安装、顶吊安装、倾斜角安装							
动作范围（最高速度）	J1轴	340°/360°（选项）（450°/s） 5.93rad/6.28rad（选项）（7.85rad/s）			340°/360°（选项）（370°/s） 5.93rad/6.28rad（选项）（6.46rad/s）		340°/360°（选项）（460°/s） 5.93rad/6.28rad（选项）（8.03rad/s）		
	J2轴	245°（380°/s） 4.28rad（6.63rad/s）			245°（310°/s） 4.28rad（5.41rad/s）		230°（460°/s） 4.01rad（8.03rad/s）		
	J3轴	420°（520°/s） 7.33rad（9.08rad/s）			430°（410°/s） 7.50rad（7.16rad/s）		402°（520°/s） 7.02rad（9.08rad/s）		
	J4轴	380°（550°/s） 6.63rad（9.60rad/s）		250°（545°/s） 4.36rad（9.51rad/s）	380°（550°/s） 6.63rad（9.60rad/s）		380°（560°/s） 6.63rad（9.77rad/s）		240°（560°/s） 4.19rad（9.77rad/s）
	J5轴	250°（545°/s） 4.36rad（9.51rad/s）		720°（1500°/s） 12.57rad（26.18rad/s）	250°（545°/s） 4.36rad（9.51rad/s）		（注释6）240°（560°/s） 4.19rad（9.77rad/s）		720°（1500°/s） 12.57rad（26.18rad/s）
	J6轴	720°（1000°/s） 12.57rad（17.45rad/s）		—	720°（1000°/s） 12.57rad（17.45rad/s）		720°（900°/s） 12.57rad（15.71rad/s）		—
手腕部可搬运质量		7kg					4kg		
手腕允许负载转矩	J4轴	16.6N·m			16.6N·m		8.86N·m		8.86N·m
	J5轴	16.6N·m		4.0N·m 5.5N·m（选项）	16.6N·m		8.86N·m		4.0N·m 5.5N·m（选项）
	J6轴	9.4N·m		—	9.4N·m		4.90N·m		—
手腕允许负载转动惯量	J4轴	0.47kg·m²			0.47kg·m²		0.20kg·m²		0.20kg·m²
	J5轴	0.47kg·m²		0.046kg·m² 0.15kg·m²（选项）	0.47kg·m²		0.20kg·m²		0.046kg·m² 0.083kg·m²（选项）
	J6轴	0.15kg·m²		—	0.15kg·m²		0.067kg·m²		—
重复定位精度		±0.01mm							
机器人质量		25kg		24kg	27kg		20kg		19kg
安装条件		环境温度：0~45℃ 环境湿度：通常在75%RH以下（无结霜现象） 短期在95%RH以下（1个月之内） 振动加速度：4.9m/s²（0.5g）以下							

知识1.3 工业机器人的编程方式

1. 工业机器人在线编程

至今为止,大部分的工业机器人应用都由工程师通过"在线编程"的方式完成。用户可以通过示教器在机器人控制器上编译、调试程序,通过示教器来控制机器人完成指定动作,这个过程称为示教编程,如图1-9所示。任何机器人都需要通过这个过程"学会"它要执行的任务,在接下来的工作中,只需运行用户通过示教器在控制器上保存下来的程序,机器人就可以自动地重复作业了。以上过程即为在线编程。

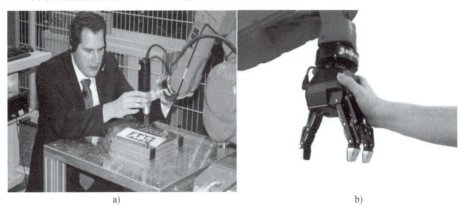

图1-9 工业机器人示范教学

工业机器人在线编程思路为:①动作示教;②储存数据,完成整个示教过程后,生成整个程序并载入到控制器;③动作再现,让机器人重复所编的程序,以检验正确性。

2. 工业机器人离线编程

离线编程是指在计算机上通过软件工具对机器人进行"虚拟"编程。编程期间,机器人无须"停机",不妨碍生产作业。根据工件的CAD模型中的曲线定义,可帮助机器人在物体上找到更加科学的路径。仿真机器人的运动路径、工具操作方向以及机器人的起始位姿,避免奇点状态,可得到最优化的路径。仿真调试好的机器人程序经过"后处理",可直接加载到控制器上运行,如图1-10所示。正因如此,各家知名的机器人生产商(如ABB、

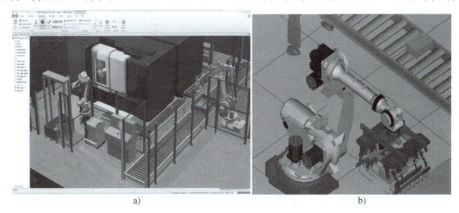

图1-10 工业机器人离线编程场景

FANUC等）都提供了自己的离线编程软件产品，虽然它们只服务于自身品牌，但价格不菲。

离线编程不是万能的解决方案，并非所有工序都可以通过离线编程完成。虽然用户可以根据实际需要编写出相关的机器人程序，但涉及配合机器人使用的外部设备配置和具体工艺时，可能需要用户进行现场设置。离线编译好的机器人程序在正式使用前也需要准确标定参考点位置，做出适当的微调，以确保路径位置的准确。

知识1.4　工业机器人安全操作规范

工业机器人运动空间属于危险场所，错误操作工业机器人不仅可能会导致工业机器人系统损坏，甚至有可能发生伤亡事故。为保证安全，须遵循以下工业机器人安全操作规范：

1）不得在易燃易爆、高湿度和无线电干扰环境下使用工业机器人，且不以运输人或动物为目的。

2）所有人在操作机器人前必须接受机器人使用的安全教育，严禁恶意操作及恶意实验。

3）进入操作区域时，必须佩戴安全帽，不允许戴手套操作示教器和操作面板。

4）接通电源前，需检查所有的安全设备是否正常，包括工业机器人和控制柜等。

5）进入工业机器人运动范围内之前，必须将模式开关从Auto改为T1或T2模式，并保障机器人不会响应任何远程命令。

6）使用示教器操作前，需确保平台上无其他人员，要预先考虑工业机器人的运动轨迹，并确定该轨迹不会受到干扰。

7）实践过程中，仅执行编辑或了解的程序，同时保证只能由编程者一人控制机器人系统。

8）在点动操作机器人时，采用较低的倍率，以提高对机器人的控制频率。

9）必须知道机器人控制器及外围设备上急停按钮的位置，当出现意外时可迅速按下急停按钮。

10）当工业机器人开始自动运行前，需保障作业区域内无人，安全设施安装到位并正常运行。机器人使用完毕后，需按下急停按钮，并关闭电源。

11）维护工业机器人时需查看整个系统并确认无危险后，方可进入机器人工作区域，同时关闭电源、锁定断路器，防止在维护过程中意外通电。

12）重视工业机器人的日常维护，检查工业机器人系统是否有损坏或裂缝，维护结束后必须检查安全系统是否有效，并将机器人周围和安全栅栏内打扫干净。

知识1.5　工业机器人应用编程1+X证书简介

为了切实贯彻全国教育大会精神，落实《国家职业教育改革实施方案》的工作任务，打造职业教育类型特色和完善国家职业教育制度体系"搭桥铺砖"是全国职业教育战线贯彻"不忘初心、牢记使命"的具体行动。教育部发布了《关于确认参与1+X证书制度试点第二批职业教育培训评价组织及职业技能等级证书的通知》，确定了工业机器人应用编程职业技能等级证书入围第二批1+X证书制度试点目录。

工业机器人应用编程1+X证书制度将学历证书与职业技能等级证书、专业教学标准与职业技能等级标准、培训内容与专业教学内容、技能考核与课程考试统筹评价。学历证书是基

项目1 工业机器人技术基础

础,"X"是"1"的强化、补充和拓展。通过工业机器人应用编程1+X证书制度试点工作,深化了工业机器人应用领域产教融合、校企合作;以市场化机制打造用人企业认可的工业机器人应用编程职业技能等级标准和证书,能与学校的人才培养机制、课程体系改革和教师队伍建设等紧密结合;促进"1"和"X"的有机衔接,建立起评价与就业的渠道;形成一套科学、系统、有效的书证融通体系;不断深化教师、教材、教法的"三教"改革,提升职业教育质量和学生就业能力,为企业提供高质量技术技能人才,支撑工业机器人产业升级发展。

项目实施

任务1.1 认识工业机器人应用编程实训工作站

工业机器人应用编程实训工作站采用模块化组合设计,如图1-11所示,由基础指纹取点单元、绘画单元、轨迹单元、码垛搬运单元、电动机装配单元、视觉检测单元、称重检测单元、RFID检测单元、输送带单元、旋转供料单元、井式(圆形、方形)供料单元、装配单元、变位机单元、工业机器人及其快换夹具单元等组成。其模块的多样化可针对工业机器人应用编程1+X证书考核标准进行不同等级的组合,可以进行工业机器人应用编程1+X证书考核的初级、中级、高级项目实训,考核通过可达到初级、中级或高级的技能要求。该系统融入工业机器人技术、机械传动技术、电工电子技术、多种作业技术、智能传感技术、可编程控制技术、机器视觉技术、计算机技术、串口通信技术和以太网通信技术等先

图1-11 工业机器人应用编程实训工作站

进制造技术,涵盖工业机器人、机械设计、电气自动化、智能传感和智能制造等多门学科的专业知识。

工业机器人应用编程实训工作站的基本组成及功能如下。

(1)指纹取电单元 指纹取电单元是工业机器人应用编程实训工作站中的起始单元,如图1-12所示。在整个系统中,它控制着设备的总电源,通过录入使用者的信息和指纹,可以对设备的电源进行开启和关闭。一般设备接通电源后,在触摸屏上需要录入使用者的指纹。

(2)轨迹单元 轨迹单元是对工业机器人基本运动指令的训练。图1-13所示为轨迹单元的实物全貌。

(3)绘图单元 绘图单元主要用于建立工业机器人工件坐标系的相关实训。绘图单元总装实物图如图1-14所示。

(4)多边形搬运单元 多边形搬运单元主要用于工业机器人I/O逻辑指令和码垛指令的相关实训。多边形搬运单元总装实物如图1-15所示。

(5)码垛单元 码垛单元主要用于工业机器人I/O逻辑指令、循环指令和码垛指令的相关实训。码垛单元总装实物图如图1-16所示。

图 1-12 指纹取电单元实物的全貌

图 1-13 轨迹单元的实物全貌

图 1-14 绘图单元总装实物图

图 1-15 多边形搬运单元总装实物图

(6) 装配单元 装配单元主要与电动机搬运单元组合使用，使编程难度和编程方式多样化。装配单元中的总装实物图如图 1-17 所示。

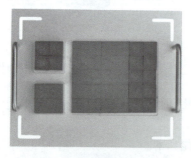

图 1-16 码垛单元总装实物图

图 1-17 装配单元中的变位机总装实物图

(7) 井式圆形供料单元 井式圆形供料单元主要和输送带模块配套使用，料仓内有黑白物料，可以进行运输。井式圆形供料单元总装实物图如图 1-18 所示。

(8) 井式方形供料单元 井式方形供料单元主要和输送带模块配套使用，料仓内有红色物料，可以进行运输。该模块可以和圆形供料模块相互替换使用。井式方形供料单元总装实物图如图 1-19 所示。

(9) 输送带单元 输送带单元主要和上述两种供料模块进行配套使用，可以配合视觉模块进行不同物料的判别。输送带单元

图 1-18 井式圆形供料单元总装实物图

总装实物图如图 1-20 所示。

（10）仓储单元　仓储单元主要为各模块的物料提供一个存储位。仓储单元总装实物图如图 1-21 所示。

（11）RFID 单元　RFID 单元主要对各模块中带载码体的物料进行数据的读写。RFID 单元总装实物图如图 1-22 所示。

图 1-19　井式方形供料单元总装实物图

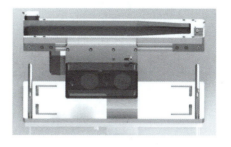

图 1-20　输送带单元总装实物图

图 1-21　仓储单元总装实物图

图 1-22　RFID 单元总装实物图

（12）视觉单元　视觉单元主要用于检测各模块的物料颜色以及装配是否正确。视觉单元总装实物图如图 1-23 所示。

（13）旋转供料单元　旋转供料单元主要为电动机装配提供转子物料，共有四个工位。旋转供料单元总装实物图如图 1-24 所示。

图 1-23　视觉单元总装实物图

图 1-24　旋转供料单元总装实物图

（14）棋盘单元 棋盘单元主要用于练习机器人的点位示教及偏移指令等，共有黑白两种棋子。棋盘单元总装实物图如图 1-25 所示。

（15）七巧板单元 七巧板单元主要用于练习机器人的点位示教及偏移指令等，一套七巧板可以摆放出多种不同的图案组合。七巧板单元总装实物图如图 1-26 所示。

 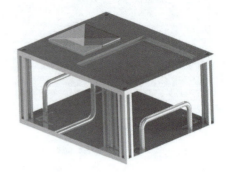

图 1-25 棋盘单元总装实物图　　　　　图 1-26 七巧板单元总装实物图

（16）变位机单元 变位机单元主要配合装配模块使用，将上底板整体移到变位机上安装后，可以进行多工位的电动机装配。变位机单元总装实物图如图 1-27 所示。

（17）行走轴单元 行走轴单元可为机器人带来更灵活的位置变换，可以让机器人的活动范围变得更大。行走轴单元总装实物图如图 1-28 所示。

图 1-27 变位机单元总装实物图　　　　图 1-28 行走轴单元总装实物图

任务 1.2　工业机器人工作站启动及手持示教器

1. FANUC 机器人控制系统

FANUC 机器人控制系统主要由机器人控制器、示教器、外围控制系统以及相关电缆组成，如图 1-29 所示。

FANUC 机器人 Mate 控制器是工业机器人的控制机构，是工业机器人的控制核心。FANUC 机器人 200iD 系列机器人使用 R-300iB Mate 控制柜，其外部模块如图 1-30 所示。

模式选择开关用来选择机器人的运行方式：

1）AUTO 状态可实现外部控制机器人程序运行，不能实现示教器控制机器人运动。

项目1 工业机器人技术基础

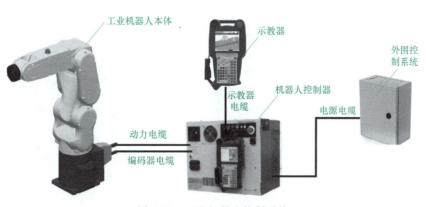

图 1-29 工业机器人控制系统

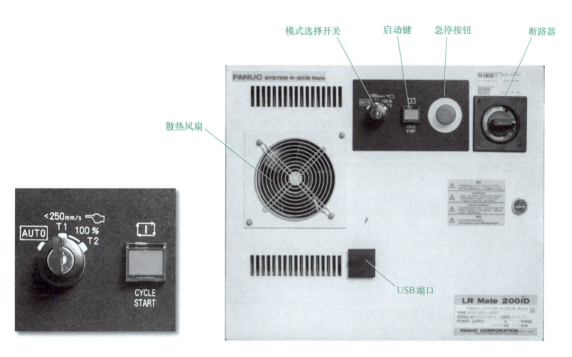

图 1-30 R-30iB Mate 控制柜外部模块

2）T1 模式可实现示教器控制机器人运动和程序测试，机器人点动运行和程序测试的最高速度<250mm/s。

3）T2 模式可实现示教器控制机器人运动和程序测试，机器人点动运行的最高速度<250mm/s，程序测试速度没有限制。

2. 手持示教器

机器人示教器是一种手持式操作装置，用于执行与操作机器人系统有关的许多任务，如编写程序、运行程序、修改程序、手动操纵、参数配置以及监控机器人状态等。示教器包括使能按钮、急停按钮和一些功能按钮。工业机器人操作时通常是左手手持示教器，右手进行操作。工业机器人示教器的手持方式如图 1-31 所示。

示教器使能按键是为保证操作人员人身安全而设置的，只有按下使能按键，并保证在

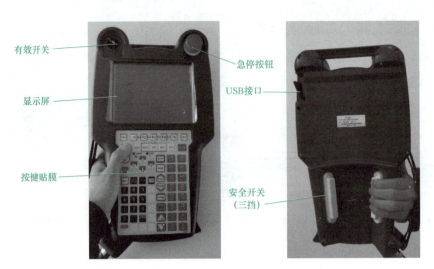

图 1-31　工业机器人示教器

"电机开启"的状态，才能对机器人进行手动操作与程序调试。在手动模式下，必须按下使能按键来释放电动机抱闸，从而使工业机器人能够动作。使能按键是 3 位选择开关，位于示教器的侧面。按到中间位时，能够释放电动机抱闸。放开或按到底部时，电动机抱闸都会闭合，从而锁住工业机器人。

示教器的作用如下：

1）移动机器人。

2）编写机器人程序。

3）试运行程序。

4）生产运行。

5）查看机器人状态（I/O 设置、位置信息等）。

6）手动运行。

示教器按键的功能如图 1-32 所示：

示教器语言更改方法如下：

1）机器人主电源开关打开后，等待示教器进入系统界面，拨动机器人控制柜上的模式选择开关，选择手动 T1 运行模式，然后再将示教器开关置于 ON 挡。

2）按下示教器 MENU 按键，进入示教器的菜单栏，选择"SETUP"，进入后再次选择 General，进入常规界面。

3）进入控制面板后选择第二行（Current Language）语言，再按下示教器界面 F4 按钮，进行语言选择。

4）进入选择界面以后，选择"Chinese"，再次按下示教器界面 ENTER 按钮确认，等待一秒左右，页面就会自动转换成中文。

3. 工业机器人开机

工业机器人正确的开机步骤如下：

1）检查工业机器人周边设备、作业范围是否符合开机条件。

2）检查电源是否正常接入。

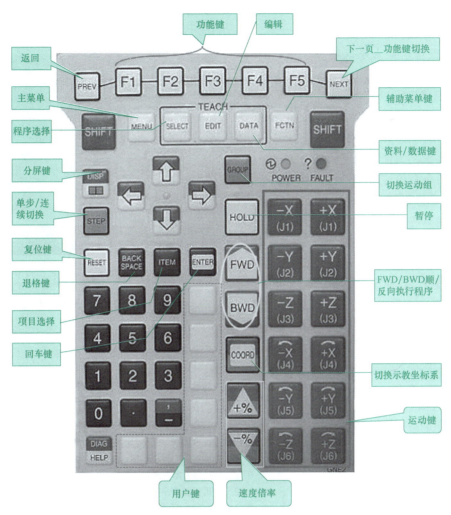

图 1-32 示教器按键的功能

3)确认控制柜和示教器上的急停按钮已经旋起。

4)打开平台电源开关(由 0 旋至 1)。

5)打开工业机器人控制柜上的电源开关(由 0 旋至 1)。

6)打开气泵开关和供气阀门。

7)等待 20s 左右,示教器界面自动开启,机器人开机完成。

4. 工业机器人关机

工业机器人正确的关机步骤如下:

1)将示教器上的模式开关切换到手动模式。

2)手动操作机器人返回原点位置。

3)按下示教器上的急停按钮。

4)按下控制柜上的急停按钮。

5)将示教器放置在指定位置。

6)关闭控制柜上的电源开关。

7）关闭气泵开关和供气阀门。

8）关闭实训平台的电源开关。

9）整理机器人系统周边设备、电缆和工件等物品。

5. 急停按钮

工业机器人是工业领域中能自动执行任务，靠自身动力和控制能力来实现各种功能的机器装置。为保证作业的安全，在系统中设置了两个急停按钮（不包括外围设备的急停按钮），分别是示教器上的急停按钮和控制柜上的急停按钮。同时，实训平台外部也配备了急停按钮。按下任何一个急停按钮，工业机器人将立刻停止运动。按下急停按钮后，示教器界面出现紧急停止报警，如图1-33所示。再次运行工业机器人前，必须先清除紧急停止，并且确认示教器上状态栏中的报警信息消失。

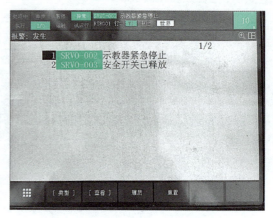

图1-33 示教器紧急停止报警界面

项目评价

项目测评表

考核点	主要内容	技术要求	分值	评分记录
1	工业机器人基础知识	1. 简述工业机器人的定义、发展及应用 2. 简述工业机器人的组成及技术参数 3. 简述工业机器人的编程方式 4. 简述工业机器人安全操作规范 5. 工业机器人应用编程"1+X"证书简介	20	
2	工业机器人应用编程实训工作站	1. 简述应用编程工作站的组成 2. 简述各工作单元的功能特点	30	
3	工业机器人工作站启动及手持示教器	1. 简述示教器环境参数设置方法 2. 简述工业机器人开机操作步骤 3. 简述工业机器人关机操作步骤 4. 紧急停止测试	40	
4	综合职业素养	1. 工位保持清洁，物品整齐 2. 着装规范整洁，佩戴安全帽 3. 操作规范，爱护设备 4. 遵守6s管理规范 5. 热爱中国制造，甘于奉献的职业素养	10	

项目反馈

项目学习情况：

_____

心得与反思：

_____

项目拓展

1. 工业机器人的定义是什么？
2. 工业机器人系统的特点有哪些？
3. 工业机器人的主要技术参数有哪些？
4. 工业机器人的编程方式有哪几种？有什么区别？
5. 工业机器人应用编程实训工作站由哪些模块组成？
6. FANUC 工业机器人控制系统主要包括哪些硬件？
7. 请描述工业机器人的开机和关闭过程。
8. FANUC 工业机器人系统急停功能的实现有哪几种方式？

项目2 工业机器人离线编程

项目目标

知识目标

1. 了解工业机器人离线编程与虚拟仿真的概念。
2. 掌握离线编程软件 ROBOGUIDE 界面和基本操作。
3. 掌握工业机器人离线编程方法。
4. 掌握 ROBOGUIDE 软件的常用功能。
5. 掌握工业机器人程序的调试方法。

技能目标

1. 能够正确搭建工业机器人切割仿真工作站。
2. 能够正确标定切割工具坐标系。
3. 能够正确标定切割工件坐标系。
4. 能够正确完成工业机器人切割应用离线编程并仿真。
5. 能够正确导出离线程序。
6. 能够正确运行离线程序,并根据切割效果调试离线程序。

素养目标

1. 认真探究机器人离线编程方法和离线验证效果,培养学生严谨细致的敬业精神。
2. 培养学生热爱劳动,总结归纳,使复杂的程序简单化;机器人离线编程需要严谨细致,有勇于探索的精神,并能利用虚拟仿真技术数字赋能,具有数字化设计能力。

1+X 证书技能映射

工业机器人应用编程证书技能要求(中级)	
1.1.3	能够根据工作任务要求设置工业机器人的工作空间
1.2.1	能够根据操作手册使用示教器配置亮度、校准等参数
1.2.2	能够根据用户需求配置示教器的预定义键
3.1.1	能够根据工作任务要求进行模型的创建和导入
3.1.2	能够根据工作任务要求完成工作站系统布局
3.2.1	能够根据工作任务要求配置模型布局、颜色和透明度等参数
3.2.2	能够根据工作任务要求配置工具参数并生成对应工具等的库文件
3.3.1	能够根据工作任务要求实现搬运、码垛、焊接、抛光和喷涂等典型工业机器人应用系统的仿真
3.3.2	能够根据工作任务要求实现搬运、码垛、焊接、抛光和喷涂等典型应用的工业机器人系统的离线编程和应用调试
3.4.1	能够根据工业机器人的性能参数要求配置测试环境,搭建测试系统

项目2 工业机器人离线编程

项目描述

工业机器人离线编程是工业机器人应用编程人员必须掌握的基本技能。本项目包含构建切割工业机器人工作站、工业机器人切割轨迹生成与仿真和工业机器人离线编程验证调试3个任务,学生应了解工业机器人离线编程与虚拟仿真的概念,了解ROBOGUIDE界面、基本操作和常用功能;能够正确完成工业机器人切割应用离线编程并仿真,能够进行离线编程验证调试。机器人离线编程需要严谨细致,可培养学生热爱劳动、勇于探索的精神,并能利用虚拟仿真技术数字赋能,具有数字化设计能力。

项目具体任务如下:

现有一台工业机器人电动机装配与入库工作站,工作站由FANUC工业机器人、电动机搬运模块、变位机模块、快换工具模块、仓储模块、切割模块和RFID模块等组成。电动机装配与入库工作站模块布局如图2-1所示。在关节坐标系下,工业机器人工作原点位置为(0°,0°,0°,0°,-90°,0°)。

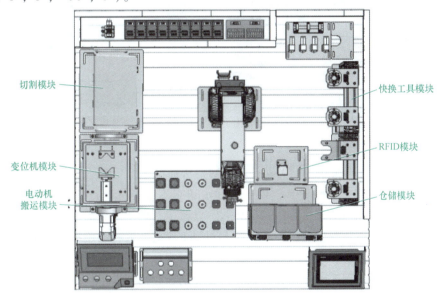

图2-1 电动机装配与入库工作站模块布局图

工作站使用的机器人末端切割工具如图2-2所示。

机器人手爪放置位置如图2-3所示。

图2-2 工业机器人末端切割工具

图2-3 工业机器人手抓放置位置

本项目主要步骤：打开工业机器人配套仿真软件，创建工业机器人系统，导入机器人工作桌、机器人安装板、切割工具、切割模块——"龙"，搭建如图 2-4 所示的工业机器人切割工作站。

将切割工具安装到工业机器人模型上，创建并标定切割模块工件坐标系。通过仿真软件进行如图 2-5 所示的切割模型离线编程（切割工具须垂直焊接板进行切割，调用切割工具坐标系和切割模块工件坐标系），并在仿真软件中验证功能，工业机器人须从工作原点开始运行，切割完成后返回工作原点。

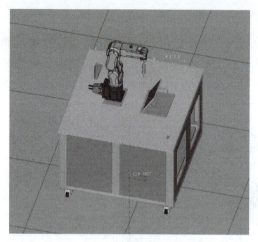 

图 2-4　工业机器人切割工作站　　　　　图 2-5　切割模型

根据图 2-4 所示的模块布局，手动设定切割模块面向工业机器人一侧 30°（第一个安装孔）左右状态，自动安装切割工具，创建并标定切割工具坐标系，创建并标定切割模块工件坐标系。将仿真软件中的离线程序直接导入示教器中，调用新建的切割工具坐标系和切割模块工件坐标系，操作示教器运行导入程序，利用工业机器人将切割模型图案在切割模块上绘出，验证离线程序功能。

本项目可分解为以下 3 个子任务实施：构建切割工业机器人工作站、工业机器人切割轨迹生成与仿真以及工业机器人离线编程验证调试。

相关知识

知识 2.1　工业机器人离线编程与虚拟仿真概述

1. FANUC 工业机器人离线编程与仿真软件简介

ROBOGUIDE 是发那科机器人公司提供的一款离线编程与仿真软件，它围绕一个离线的三维世界进行模拟，在这个三维世界中模拟现实机器人和周边设备的布局，通过示教器进行示教，进一步模拟机器人的运动轨迹。通过这样的模拟可以验证方案的可行性，同时获得准确的周期时间。ROBOGUIDE 是一款核心应用软件，包括搬运、弧焊、喷涂和点焊等模块。ROBOGUIDE 的仿真环境界面是传统的 WINDOWS 界面，由菜单栏、工具栏和状态栏等组成。

2. ROBOGUIDE 离线编程与仿真软件的安装

本书中使用的软件版本号为 V9.10，执行安装盘里的 SETUP.EXE 文件，按照提示安装所需的系统组件以及机器人软件版本，选择安装目录。安装完成后，系统会提示需要重启，重启完成后即可使用 ROBOGUIDE。安装界面如图 2-6 所示，单击"Next"按钮。

图 2-6　ROBOGUIDE 软件安装界面

选择安装路径，如图 2-7 所示，然后单击"Next"按钮。

图 2-7　选择安装路径

在图 2-8 中选择需要的工艺，单击"Next"按钮。后面的步骤选择默认设置。

图 2-8　工艺选择

最后单击"Finish"按钮，安装结束，如图2-9所示。重启计算机即可。

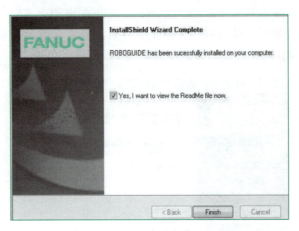

图 2-9　完成安装

知识 2.2　ROBOGUIDE 界面介绍和基本操作

1. ROBOGUIDE 界面介绍

ROBOGUIDE 界面如图 2-10 所示，它由菜单栏、工具栏、单元格浏览器、状态栏和机器人工作区等组成。

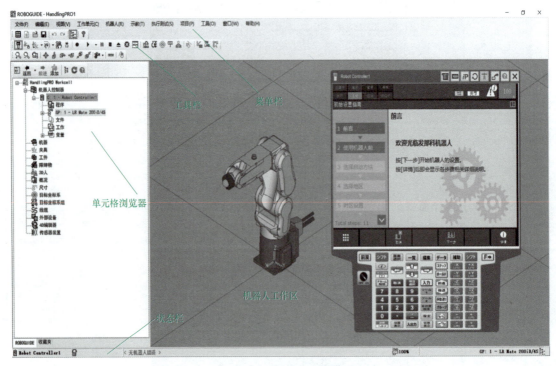

图 2-10　ROBOGUIDE 界面

（1）菜单栏　在菜单栏中，对 ROBOGUIDE 的不同功能进行了分类，可从菜单栏选择相应的功能。如图 2-11 所示。

图 2-11 菜单栏

（2）工具栏　在工具栏上，经常使用的操作被布置为按钮，如图 2-12 所示。

图 2-12 工具栏

（3）单元格浏览器　工作单元的所有元件（如机器人、程序和部件等）以树结构显示在单元格浏览器上。用户可以从单元浏览器访问这些元素，如图 2-13 所示。

（4）机器人工作区　界面的中心为创建 Workcell 时选择的机器人，机器人模型的原点（单击机器人后出现的绿色坐标系）为此工作环境的原点。同时可以打开示教器进行机器人手动操作。

（5）状态栏　在状态栏中显示了所选机器人控制器、程序的名称以及错误的信息。

图 2-13 单元格浏览器

2. 基本操作

（1）对模型窗口的操作　用鼠标可以对仿真模型窗口进行移动、旋转和放大缩小等操作。

1）移动：按住鼠标中键并拖动。

2）旋转：按住鼠标右键并拖动。

3）放大缩小：同时按住鼠标左右键，并前后移动；另一种方法是直接滚动滚轮。

（2）改变模型位置的操作　一种方法是直接修改其坐标参数，另一种方法是用鼠标直接拖曳（首先用左键单击选中模型，并显示出绿色坐标轴，然后进行移动和旋转）。

1）移动：①将光标放在某个绿色坐标轴上，箭头显示为手形并有坐标轴标号 X、Y 或 Z，按住鼠标左键并拖动，模型将沿此轴方向移动；②将光标放在坐标轴上，按住键盘上的"Ctrl"键，按住鼠标左键并拖动，模型将沿任意方向移动。

2）旋转：按住键盘上的"Shift"键，将光标放在某坐标轴上，按住鼠标左键并拖动，模型将沿此轴旋转。

（3）机器人运动的操作　用鼠标可以实现将机器人 TCP 快速运动到目标面、边、点或者圆中心。

1）运动到面："Ctrl+Shift+左键"。

2）运动到边："Ctrl+Alt+左键"。

3）运动到顶点："Ctrl+Alt+Shift+左键"。

4）运动到圆中心："Alt+Shift+左键"。

另外，也可用鼠标直接拖动机器人的 TCP，使机器人运动到目标位置。

知识 2.3　常用功能介绍

1. ROBOGUIDE 中示教器的使用

在现场，机器人的运动是用示教器来控制的；在 ROBOGUIDE 中，机器人也有自己的示教器。选中一台机器人，单击面板上的示教器按钮 ，可显示与该机器人对应的示教器，如图 2-14 所示。从图可看出，ROBOGUIDE 中的示教器与现场的示教器几乎完全一样，而且操作方式也一致。

2. TP 程序的导入与导出

ROBOGUIDE 中的 TP 程序与现场机器人的 TP 程序可以相互导入和导出，所以可以用 ROBOGUIDE 做离线编程，然后将程序导入到机器人，或将现场的程序导入到 ROBOGUIDE 中。

单击"保存所有的 TP 程序"命令，如图 2-15 所示，可以直接保存 TP 程序到某个文件夹，也可将 TP 程序存为 txt 格式，在计算机中查看。若要导入程序，则选择"读入 TP 程序"命令。

图 2-14　示教器界面

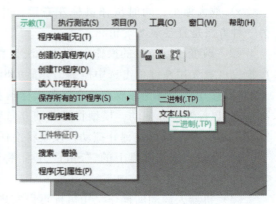

图 2-15　程序的保存方式

当然，也可使用和现场机器人同样的方式，用示教器将程序导出，此时导出的程序保存在对应的机器人文件夹下的 MC 文件夹中。同时，若要将其他 TP 程序导入到机器人中，也要将程序复制到此文件夹下，再执行读入操作。

（1）将导出的程序复制到 U 盘并导入到实体机器人

1）插入移动介质：将 U 盘插入 Mate 控制柜 USB 接口后，示教器显示"FILE-066 UD1 插入 General UDisk"，表示已识别出该 U 盘。

2）切换设备：依次单击"MENU"键→"7 文件"→"1 文件"→"F5 工具"→"1 切换设备"→选择"6USB 盘（UD1:）"，切换至 U 盘目录下。

3）导入程序：在上述界面下选择所要导入的文件类型，然后选择所要导入的文件名，按下"F3 加载"并选择"F4 是"或"覆盖"，即可将程序导入到实体机器人中。

（2）将导出的程序通过以太网导入到实体机器人　根据工业机器人功能配置的不同，Mate 控制柜主板上有 1~2 个 RJ45 以太网接口用于以太网通信，须设置工业机器人 Mate 控制柜的 IP 地址与计算机在同一网段内。工业机器人以太网通信的配置方法如下：

1）进入主机通信设置。

2）选择通信协议。

3）设置 TCP/IP 地址。

4）设置 FTP 登录用户名。

5）登录 FTP 服务器，登录成功后默认打开实体机器人 MD：文件存储区，将本地文件直接拖到文件存储区，即可实现程序的下载。在 ROBOGUIDE 中使用仿真器（Simulation）功能，不仅可监控工业机器人的运行状态，还可实现程序的上传和下载。

3. 其他功能介绍

（1）多窗口显示　选择"窗口"→"3D 面板"，如图 2-16 所示。

在显示的菜单中可选择单屏显示、双屏显示和四屏幕显示等例如，单击最下面的"4 画面"，效果如图 2-17 所示。这里，每个屏幕都可单独进行视角的调整，可以从不同角度同时进行观察。

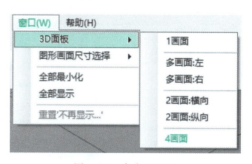

图 2-16　多窗口显示

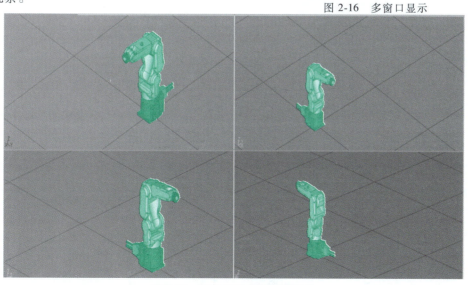

图 2-17　工业机器人四屏幕显示

（2）导出图片和模型　选择"文件"→"导出"，如图 2-18 所示。

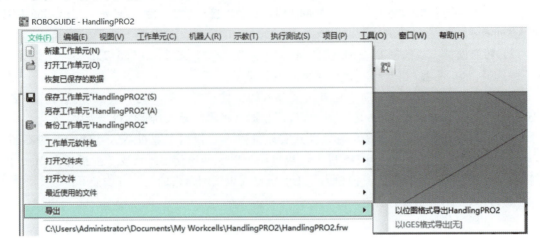

图 2-18　导出模型

其中，"以 IGES 格式导出"是将当前选择的三维模型导出为 IGES 格式。

导出的图片和模型的默认存储路径均为该工作环境下的"导出"文件夹。

"以位图格式导出"是将当前工作环境界面输出为 bmp 格式的图片，如图 2-19 所示。可更改图片的名字、保存位置和尺寸，若当前是多屏显示，则可单击"选择图像"观察各个图像。单击"全部保存"按钮可保存所有图片。

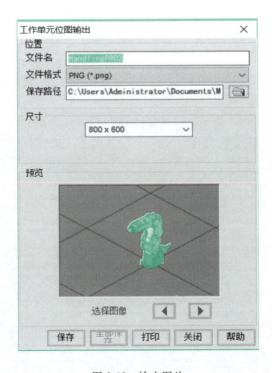

图 2-19　输出图片

项目实施

任务 2.1 构建切割工业机器人工作站

1. 切割机器人工作单元的创建

创建新的工作单元,单击"文件"下的"新建工作单元"或单击图 2-20 中的"新建工作单元",弹出"Workcell Creation Wizard"工作单元创建向导对话框,根据此向导可轻松创建工作单元。

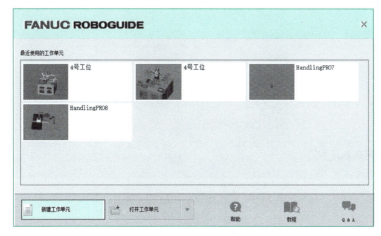

图 2-20 新建工作单元

1)选择"HandingPRO",确定后单击"下一步"进入下一个选择步骤。此时可以输入工作单元名称,如图 2-21 所示,工作单元名称不能与现有工作单元名称相同。

图 2-21 输入工作单元名称

2）选择创建虚拟机器人的方法。选择"新建"（使用默认 Hangling PRO 配置创建新机器人），然后单击"下一步"按钮，如图 2-22 所示。

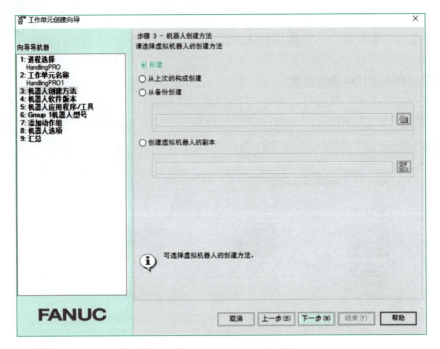

图 2-22　选择创建虚拟机器人的方法

3）选择一个版本的虚拟机器人，然后单击"下一步"按钮，如图 2-23 所示。

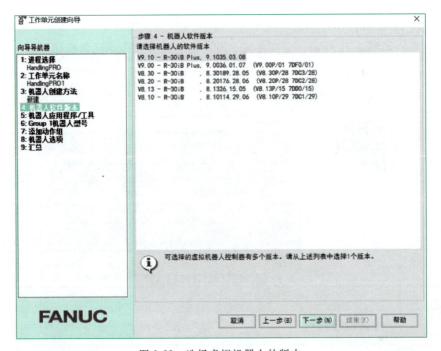

图 2-23　选择虚拟机器人的版本

项目2 工业机器人离线编程

4）根据需要选择应用程序/工具（Robot Application/Tool），然后单击"下一步"按钮，如图2-24所示。

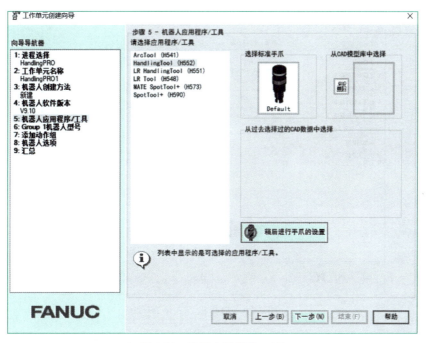

图 2-24　选择应用程序/工具

5）从包含所有机器人的列表中选择机器人型号，这里选择 H754，如图 2-25 所示。然后单击"下一步"按钮，进入下一个选择界面。

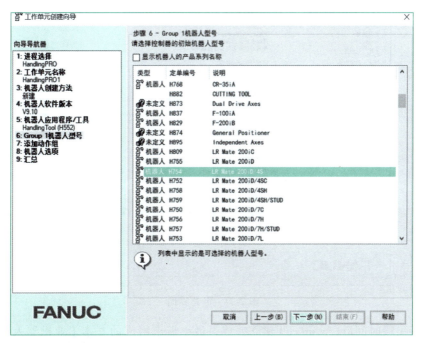

图 2-25　选择机器人型号

6）为其他运动组建选择机器人和定位器，这里选择默认，单击"下一步"按钮，在"语言"中设置语言环境，默认是英语，需要改为中文，然后单击"下一步"按钮，进入下一个选择界面，如图2-26所示。

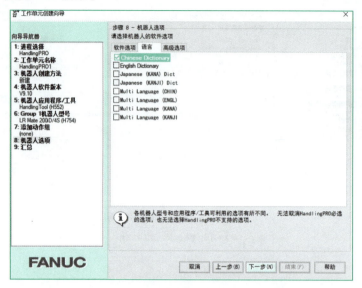

图2-26 选择机器人语言

7）图2-26所示的界面显示了之前所有选择的内容，是一个总的目录。如果确定之前选择没有错误，就单击"结束"按钮；如果需要修改，可以单击"上一步"按钮，退回至之前的步骤做进一步修改。这里单击"结束"按钮，完成工作环境的建立，如图2-27所示。

图2-27 汇总界面

8）等待一段时间后，Workcell建立完成，最小需求组成的基本工业机器人工作单元创建完成，如图2-28所示。

项目2 工业机器人离线编程

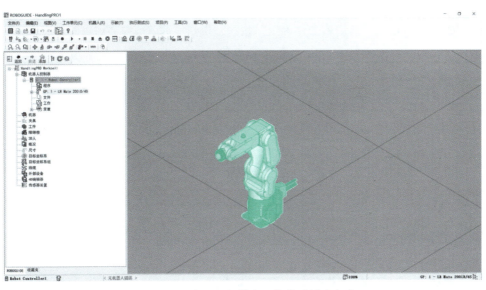

图 2-28 基本工业机器人工作单元创建完成

2. 工业机器人切割工作站模块的导入及布局

创建完基本工业机器人工作单元以后,需要导入切割工具、工作台以及切割模块等三维模块,并进行模块的放置和布局。在模块的布局中,可以通过拖动进行放置,也可以通过位置数据进行定位。为了更好地进行离线轨迹设置,在下面的操作过程中采用第二种方法。

1)导入机器人切割工具。在"单元格浏览器"对话框中选择"工具",右键单击其子菜单"UT:1(Eoat1)",在弹出的快捷菜单中选择"Eoat1 属性"。在"常规"选项卡中单击"打开"按钮,选择"切割工具",如图 2-29 所示。

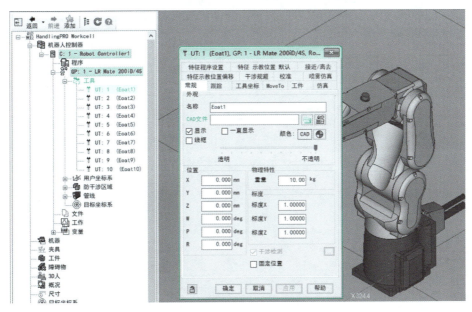

图 2-29 导入切割工具

在"位置"选项区中输入相对应的数值 X：32，Y：2.4，Z：3.2，W：0，P：0，R：-90，如图 2-30 所示。然后单击"确定"按钮，切割工具即被安装到机器人法兰盘末端。

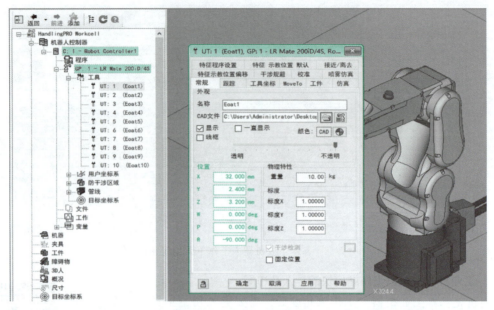

图 2-30 设定工具安装位置

在"工具坐标"选项区中，选中"编辑工具坐标系"，将"Z"设置为"243"，单击"应用"按钮，工业机器人的切割工具坐标系设置完成，如图 2-31 所示。

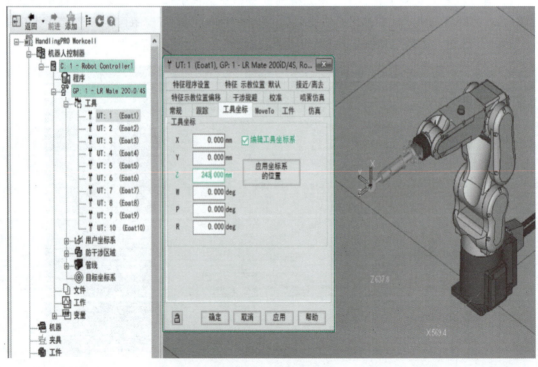

图 2-31 工具坐标编辑

2)导入机器人外围模块并布局。首先右键单击"夹具"添加夹具,选择机器人工作桌 CAD 文件,如图 2-32 所示。

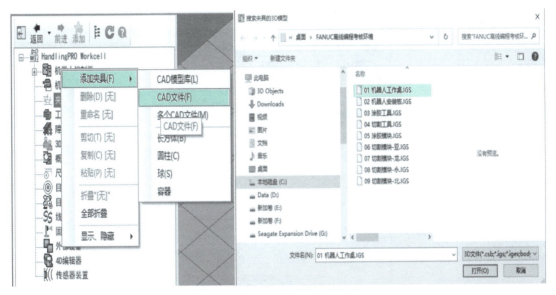

图 2-32 导入工业机器人工作桌

右键单击工作桌,输入数值 X:0,Y:0,Z:-2015,W:0,P:0,R:0。然后按照上述步骤再添加机器人安装板,并输入数值 X:0,Y:-220,Z:885,W:90,P:0,R:0,如图 2-33 所示。机器人工作桌和安装板的位置就确定好了。

图 2-33 设置工作桌和安装板位置

其次,设置机器人位置。右键单击工业机器人"GP:1-LR Mata 200Id/4S",并输入数值 X：0，Y：-220，Z：900，W：0，P：0，R：90，如图 2-34 所示。

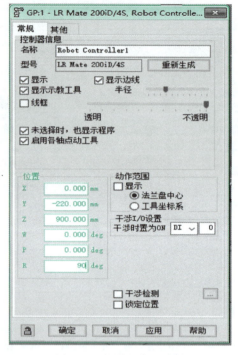

图 2-34　机器人位置设置

最后，右键单击"工件"，选择"添加工件 CAD 文件"命令，导入"07 切割模块-龙"文件，如图 2-35 所示。双击机器人工作桌，选择工件，勾选所需要的模块，单击"应用"按钮，再勾选"编辑工件偏移"，并输入数值 X：20，Y：200，Z：2685，W：0，P：0，R：90，如图 2-36 所示。机器人工作单元布局完成。

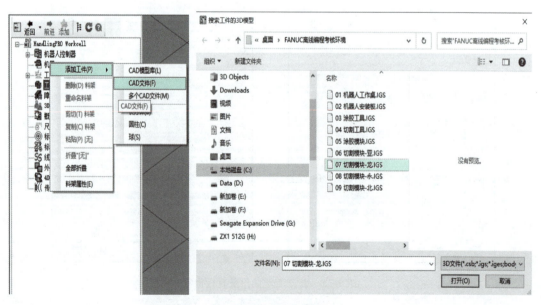

图 2-35　导入切割模块

项目2 工业机器人离线编程

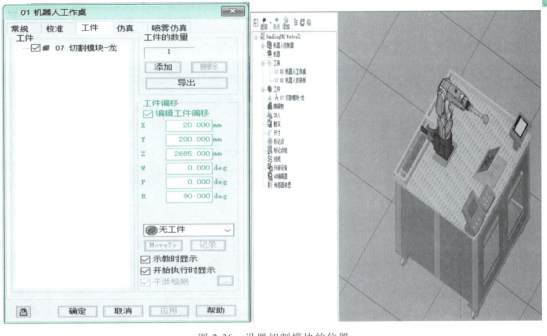

图2-36 设置切割模块的位置

任务2.2 工业机器人切割轨迹生成与仿真

1. 工具和工件坐标系的设定

1) 双击"GP：1-LR Mata 200iD/4S",选择现有工具坐标系作为机器人工具坐标系,如图2-37所示。

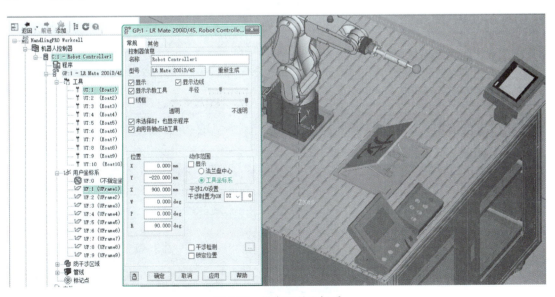

图2-37 设定工具坐标系

2）双击用户坐标系下的"UF：1"，勾选"编辑用户坐标系"，并输入数值 X：481.822，Y：-135.046，Z：-197.960，W：180，P：35.450，R：180，然后点击"应用"按钮，如图 2-38 所示。工业机器人的用户坐标设置完成。

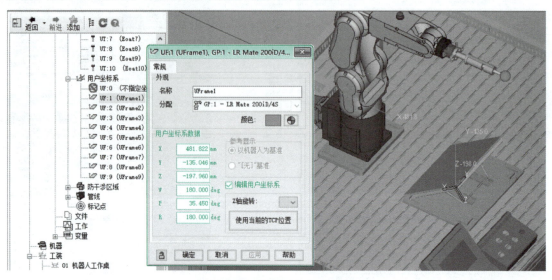

图 2-38　设定工件坐标系

2. 工作站轨迹规划及自动生成

1）切割模块为一个"龙"字，其轨迹有直线也有曲线，比较复杂，不能直接示教完成，这里采用程序自动生成的方式。用鼠标右键单击"工件→07 切割模块-龙"，在快捷菜单中选择"程序自动生成"命令，如图 2-39 所示。

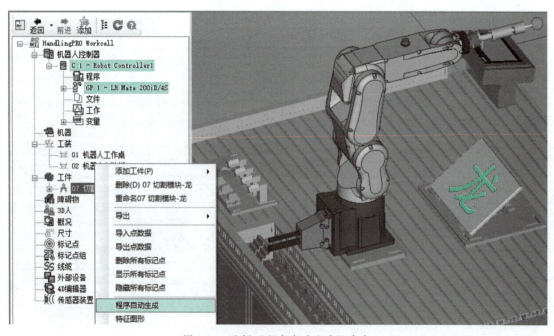

图 2-39　选择"程序自动生成"命令

项目2 工业机器人离线编程

2）在"程序自动生成"对话框中，设置"环选择模式"为"仅内部环"，"最小环长度"为"30"mm，取消勾选"生成工作TP程序"，单击"确定"按钮，如图2-40所示。

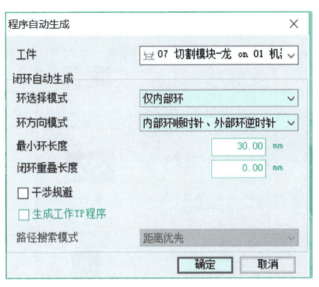

图2-40 设置程序自动生成

3）选择程序设置，段的定位和段的终点定位都更改为CNT 0，如图2-41所示。

4）选择"接近/离去"选项卡，勾选"添加接近点"和"添加离去点"，并写入起点与终点的相对偏移参数-30mm，如图2-42所示。

图2-41 设置段的定位和终点

图2-42 设置接近点/离去点

5）选择"示教位置偏移"选项卡，将"旋转：沿着段的轴"的数值改为"30"，单击"确定"按钮，如图 2-43 所示。

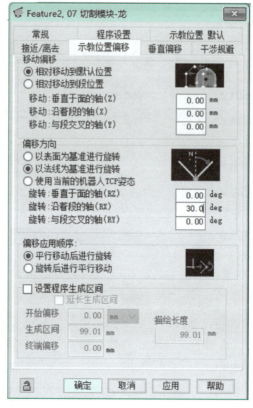

图 2-43　示教位置偏移

用同样的方法生成特征下的其他轨迹，最后形成切割模块"龙"的轨迹，如图 2-44 所示。

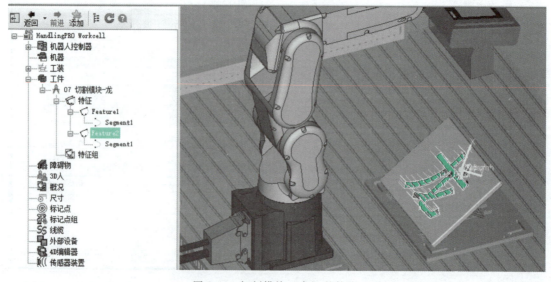

图 2-44　切割模块"龙"的轨迹

3. 切割机器人工作站轨迹仿真

切割机器人工作站的轨迹自动生成以后即可进行轨迹仿真。

1)用鼠标右键单击切割模块特征下的轨迹,选择"生成 TP 程序",如图 2-45 所示,完成所有特征下的程序。

2)用鼠标右键单击单元格浏览器中的"程序",选择创建 TP 程序,如图 2-46 所示。

图 2-45　生成 TP 程序

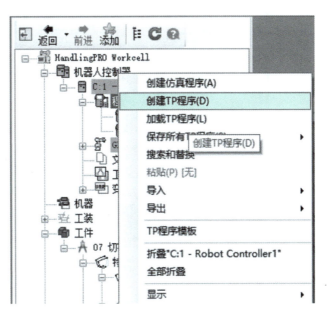

图 2-46　创建 TP 程序

3)在"创建程序"对话框中,输入程序名"QIEGE_1",单击"确定"按钮,如图 2-47 所示,进入示教器界面。

图 2-47　输入程序名称

4)在示教器界面中设定程序,具体步骤如下:

① 创建一个点,单击第一个"点",如图 2-48 所示。

② 机器人接近点的轨迹动作为"关节"动作,选择 JP [ ] 100% FINE,如图 2-49 所示。

③ 鼠标移动到 P [1],然后选择位置,单击形式,再选择关节,输入数值,单击"完成",如图 2-50~图 2-53 所示。

工业机器人应用编程与集成技术

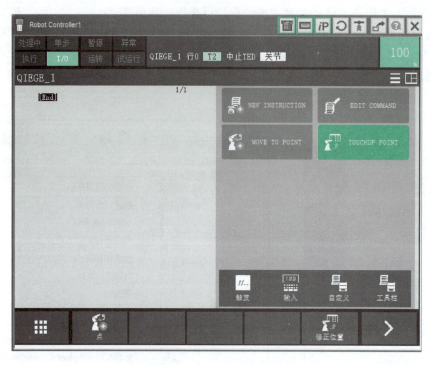

图 2-48　单击第一个"点"

图 2-49　单击关节动作

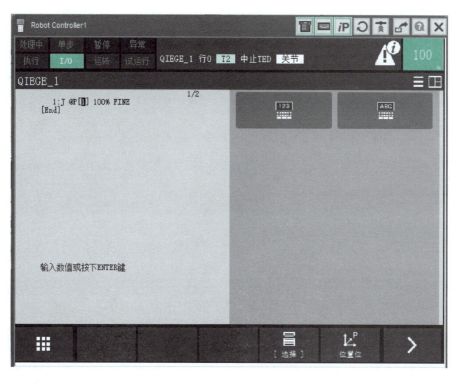

图 2-50 选择位置

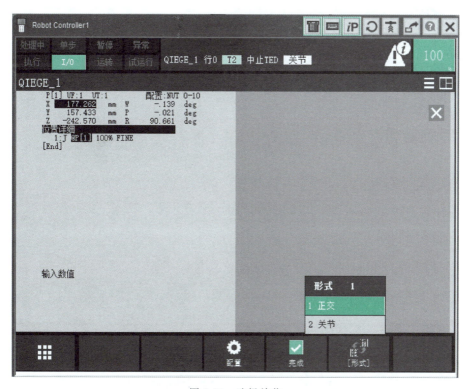

图 2-51 选择关节

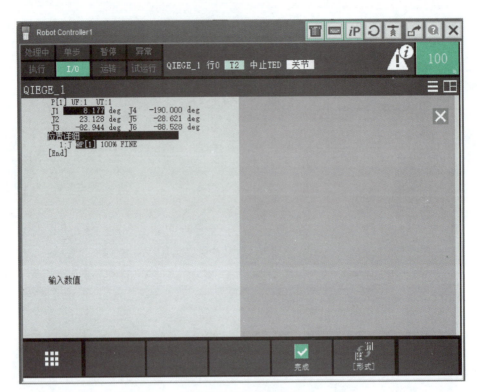

图 2-52 设置关节角度

图 2-53 第一个"点"关节运动设置完成

④ 接下来调用切割轨迹程序 FPRG1、FPRG2，并回到初始点 P [1]，如图 2-54 所示。

图 2-54　调用切割程序

⑤ 最后选择刚创建的程序，然后单击"仿真运行"，机器人将进行轨迹仿真，如图 2-55 所示。

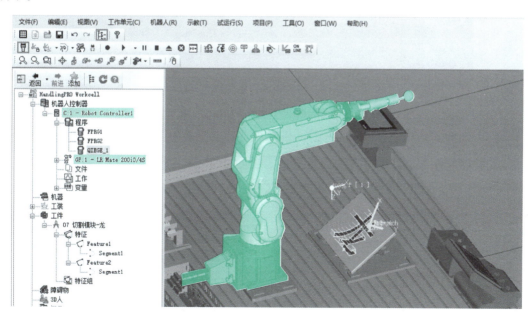

图 2-55　机器人轨迹仿真

任务2.3　工业机器人离线编程验证调试

1. Roboguide 软件与工业机器人连接

在 Roboguide 中，使用仿真器（Simulation）功能不仅可监控工业机器人的运行状态，还可实现程序的上传和下载，具体操作步骤如下：

1）在 Roboguide 软件的工具中选择仿真器（Simulation），打开仿真器设置对话框，如图 2-56 所示。

2）单击"网络定义"按钮，进入控制器网络参数设置界面，在该界面中显示了工程文件中所有的工业机器人控制器，如图 2-57 所示。选择需要配置的工业机器人控制器，单击"设置…"按钮，进入详细设置。默认情况下，"显示间隔"（Interval）为 100ms，与所选机器人网络交互，未设置网络参数时，控制器的状态显示"禁用"，设置参数后显示为"未连接"。控制器网络设置界面如图 2-57 所示。

在控制器详细设置界面中，选择连接类型：机器人，并在下方输入机器人 IP 地址（192.168.8.99），如图 2-58 所示。单击"OK"按钮完成单台工业机器人的配置。

3）监控实体机器人状态，完成上述设置后，单击"开始通信"按钮，若配置无误，则状态指示灯变成绿色，表示通信成功，并将工业机器人的运行状态显示在 Roboguide 中。

图 2-56　仿真器设置对话框

图 2-57　设置控制器网络

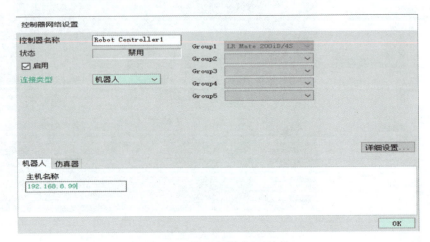

图 2-58　设置机器人 IP 地址

2. 程序的导出与导入

1）状态指示灯显示为绿色后，单击"传送文件"按钮，选择刚刚保存的程序（按住"Ctrl"键并选中），如图 2-59 所示。

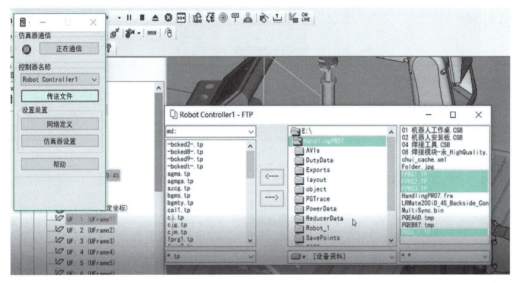

图 2-59　选择传送文件

2）单击左向箭头传送，如图 2-60 所示，程序将从仿真软件传送到机器人控制系统中。

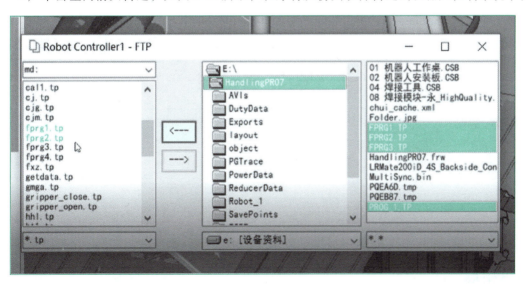

图 2-60　传送程序

3. 切割程序的运行与调试

仿真环境下的坐标系和真实工作站中的坐标系数值是不一样的，因此在真实工作站中工业机器人切割前必须标定工具坐标系和工件坐标系。实操标定方法详见项目三中的工件坐标系三点法和工具坐标系六点法。在标定完工具坐标系和工件坐标系后，在示教器中调用与虚拟仿真中一致的坐标系，并使示教器进入

"程序编辑器"界面，找到传送的主程序 QIEGE_10 将光标移至第一行，先手动单步运行程序，确保安全，观察工业机器人运动轨迹是否符合要求。手动单步运行程序没问题后，再次手动连续运行程序。

项目评价

项目测评表

考核点	主要内容	技术要求	分值	评分记录
1	认识工业机器人离线编程	1. 简述工业机器人离线编程与虚拟仿真概述 2. 简述 Roboguide 的界面组成和基本操作 3. 简述仿真软件常用功能	20	
2	构建切割工业机器人工作站	1. 简述切割机器人工作单元的创建方法 2. 简述工业机器人切割工作站的模块导入及布局方法	20	
3	工业机器人切割轨迹的生成与仿真	1. 简述工具坐标系和工件坐标系的设定方法 2. 简述工作站轨迹规划及自动生成方法 3. 简述切割机器人工作站轨迹仿真的操作步骤	30	
4	工业机器人离线编程的验证调试	1. 简述 Roboguide 软件与工业机器人的连接方法 2. 简述程序的导出与导入方法 3. 简述切割程序的运行与调试方法	20	
5	综合职业素养	1. 工位保持清洁，物品整齐 2. 着装规范整洁，佩戴安全帽 3. 操作规范，爱护设备 4. 遵守 6S 管理规范	10	

项目反馈

项目学习情况：

心得与反思：

项目拓展

1. 根据以下任务要求完成切割模型的绘制，并进行离线仿真及验证

打开工业机器人配套的仿真软件，创建工业机器人系统，导入机器人工作桌、机器人安装板、切割工具和切割模块，搭建如图 2-61 所示的工业机器人切割工作站。

将切割工具安装到工业机器人模型上，创建并标定切割模块的工件坐标系。通过仿真软件进行如图 2-62 所示的切割模型的离线编程（切割工具须垂直焊接板进行切割，调用切割工具坐标系和切割模块工件坐标系），并在仿真软件中验证功能。工业机器人须从工作原点开始运行，切割完成后返回工作原点。

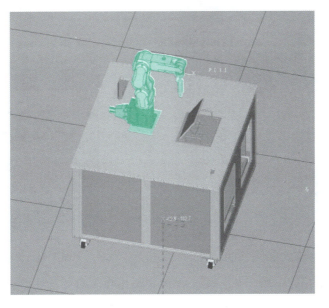

图 2-61　工业机器人切割工作站

图 2-62　切割模型

根据图 2-61 所示的模块布局，手动设定切割模块面向工业机器人一侧 30°（第一个安装孔）左右，自动安装切割工具，创建并标定切割工具坐标系，创建并标定切割模块工件坐标系。将仿真软件中离线程序直接导入机器人系统中，调用新建的切割工具坐标系和切割模块工件坐标系，操作示教器运行导入程序，利用工业机器人将切割模型图案在切割模块上绘出。最后验证离线程序的功能。

2. 根据以下任务要求完成涂胶模型的绘制，并进行离线仿真及验证

打开工业机器人配套的仿真软件，打开 FANUC 公共文件夹→02 考核学员公共资料_FANUC→考核（FANUC）离线编程考核环境，导入 01 机器人工作桌、02 机器人安装板、03 涂胶工具和 05 涂胶模块，搭建如图 2-63 所示的工业机器人涂胶工作站。

将涂胶工具安装到工业机器人模型上，创建工业机器人控制系统，创建并标定涂胶模块工件坐标系。如图 2-64 所示，通过仿真软件进行涂胶模型的离线编程（涂胶工具须垂直涂胶模块进行涂胶，调用涂胶工件坐标系），并在仿真软件中验证功能。工业机器人须从工作原点开始运行，运行 1 号和 4 号涂胶程序，完成后返回工作原点。

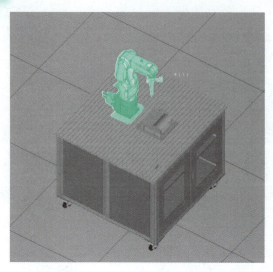

图 2-63　工业机器人涂胶工作站

图 2-64　涂胶模型

验证工业机器人离线程序。根据图 2-63 所示的模块布局，自动安装涂胶工具，创建并标定涂胶模块工件坐标系。将仿真软件中的离线程序利用 U 盘导入示教器中，调用新建的涂胶模块工件坐标系，操作示教器导入程序，使工业机器人在涂胶模块上运行 1 号和 4 号涂胶程序，验证离线程序的功能。

项目3 工业机器人示教编程

项目目标

知识目标
1. 了解工业机器人的坐标系以及单轴、线性等运动控制方法。
2. 熟悉创建工具坐标系的方法。
3. 掌握工业机器人编程指令。
4. 掌握工业机器人程序的创建与运行指令。

技能目标
1. 能够通过三点示教法创建工件坐标系。
2. 能够通过六点示教法创建工具坐标系。
3. 能够进行工业机器人轨迹模块的编程并运行。
4. 能够进行工业机器人多边形搬运模块的编程并运行。
5. 能够进行工业机器人码垛模块的编程并运行。

素养目标
1. 认真探究工业机器人的编程方法,培养学生求真务实,勇于担当的精神。
2. 用理论指导实际,再用实际验证理论,反复调试验证,追求真理。
3. 培养学生团队在工业机器人控制中学会具有精益求精、做事扎实的职业态度。

1+X 证书技能映射

工业机器人应用编程证书技能要求(中级)	
2.1.1	能够根据工作任务要求,利用扩展的数字量 I/O 信号对供料、输送等典型单元进行机器人应用编程
2.2.3	能够根据工作任务要求,使用平移、旋转等方式完成程序变换
2.3.2	能够根据工作任务要求,编制工业机器人结合机器视觉等智能传感器的应用程序

项目描述

工业机器人示教编程是工业机器人应用编程人员的基本技能。通过本项目中的工业机器轨迹模块实训、多边形搬运模块实训以及码垛模块实训 3 个任务,学生应在了解工业机器人坐标系的基础上掌握使用三点示教法创建工件坐标系、使用六点法创建工具坐标系。重点掌握机器人单轴运动、线性运动的操控按钮及 FANUC 机器人的编程指令。编程指令主要包括关节运动指令、线性运动指令、圆弧运动指令、焊接指令及其他控制指令。在掌握基本指令的基础上,学习 FANUC 机器人程序的创建与运行方法。

相关知识

知识 3.1　FANUC 机器人运动控制

1. 工业机器人坐标系

工业机器人坐标系是为确定机器人的位姿而在机器人或空间中定义的坐标系统。工业机器人坐标系包括关节坐标系、世界坐标系、工具坐标系和用户坐标系。

（1）世界坐标系　世界坐标系是被固定在空间中的标准笛卡儿坐标系，被固定在机器人事先确定的位置。

（2）关节坐标系　关节坐标系是设定在机器人关节中的坐标系。关节坐标系中的机器人位姿以各关节底座侧的关节坐标系为基准而确定。如图 3-1 所示，在关节坐标系下，所有轴的坐标值都为 0。

（3）工具坐标系　工具坐标系是用来定义工具中心点（TCP）的位置和工具姿态的坐标系。工具坐标系必须事先进行设定，未定义时将由工业机器人法兰盘末端中心的坐标系代替工具坐标系，如图 3-2 所示。

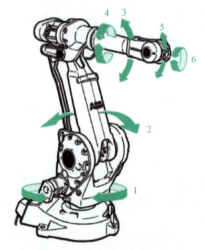

图 3-1　关节坐标系的坐标值

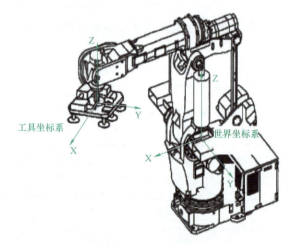

图 3-2　工具坐标系

工具坐标系下的坐标由 TCP 的位置 (X, Y, Z) 和工具的姿态 (W, P, R) 构成。TCP 的位置通过相对法兰接口坐标系的工具点的坐标值 X、Y、Z 来定义；工具姿态通过绕法兰接口坐标系的 X 轴、Y 轴、Z 轴的旋转角 W、P、R 来定义。在法兰盘上安装工具后，工具坐标系需要通过示教变换到新的工具末端处，如图 3-3 所示。

可用以下方法来设定工具坐标系：

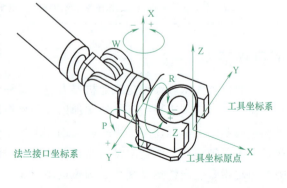

图 3-3　工具坐标系在法兰接口和变换后的显示

1) 三点示教法（TCP 自动设定）。首先对工具坐标系的原点进行示教确定，然后使参考点 1、2、3 以不同的姿势指向一点并记录，尽量使三个状态方向各不相同，系统会自动计算 TCP 的位置。通过三点示教自动设定 TCP 如图 3-4 所示。

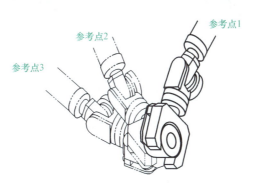

图 3-4 三点示教法

2) 六点示教法 首先像三点示教法那样设定工具坐标系原点，调整工具姿势进行示教，确定空间上一个合适的点，然后记录沿平行工具坐标系 X 轴方向的一个点和 XZ 平面上的一个点。通过六点示教自动设定 TCP 如图 3-5 所示。

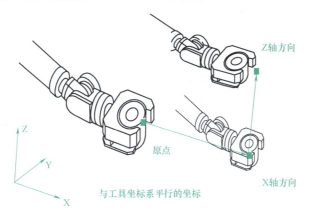

图 3-5 六点示教法

下面以六点法为例创建工具坐标系，具体操作步骤如下：

① 依次按"MENU"（菜单）→"SETUP"（设置）→F1"TYPE"（类型）→"Frames"（坐标），进入坐标系设置界面，如图 3-6 所示。

② 按 F3"坐标"，选择"Tool Frame"（工具坐标），进入工具坐标系设置界面。

③ 从 1~10 中选择一个坐标系号，按 F2"DEAIL"（详细），进入对应坐标系号位置信息界面。

④ 按 F2"METHOD"（方法），选择"Six Point（XZ/XY）"，即六点法（XZ/XY），进入坐标系设置界面，如图 3-7 所示。

⑤ 记录接近点 1、接近点 2、接近点 3、坐标原点，定义+X 方向点、+Z 方向点或+Y 方向点。

坐标系中的 X、Y、Z 数据表示当前工具坐标系的原点相对于 J6 轴法兰盘中心的偏移量，W、P、R 数据表示当前工具坐标系相对于默认工具坐标系的旋转偏移量。

图 3-6　工具坐标系设置界面

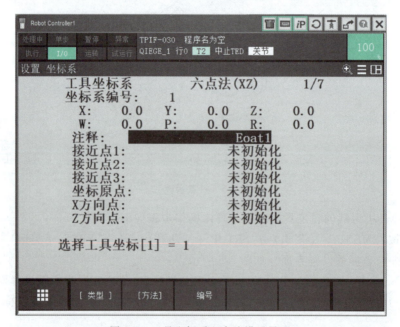

图 3-7　工具坐标系六点法设置界面

使用六点法创建工具坐标系时，六个点被记录完成后，工具坐标系将自动计算生成，坐标系编号下方会显示当前工具坐标系的位置信息及姿态信息。工具坐标系创建完成后，要检验其准确度并启用坐标系，将坐标系切换为工具坐标系，进行重定位动作，观察机器人 TCP 的姿态变化，判断创建的工具坐标系是否符合要求。

（4）用户坐标系　用户坐标系是用户对每个作业空间定义的笛卡儿坐标系。它用于位置寄存器的示教和执行、位置补偿指令的执行等。未被定义时,将由世界坐标系替代用户坐标系。

用户坐标系的设置方法有三点法、四点法和直接输入法三种。新的用户坐标系是根据默认的用户坐标系变化得到的,新的用户坐标系的位置和姿态相对空间是不变化的。用户坐标系指定机器人在工作平台上的工作方向及线性运动方向。建立用户坐标系可以确定参考坐标系,确定工作台上的运动方向,方便机器人调试。

下面以三点法为例创建用户坐标系,具体操作步骤如下:

① 依次按"MENU"(菜单)→"SETUP"(设置)→F1"TYPE"(类型)→"Frames"(坐标系),进入坐标系设置界面。

② 按F3"坐标",进入坐标系选择界面,选择"User Frame"(用户坐标系),进入用户坐标系设置界面。

③ 移动光标到所需设置的坐标系号,按F2"DETAIL"(详细)进入对应坐标系号位置信息界面。

④ 移动光标,选择"Three Point"(三点法),按"ENTER"确认,进入坐标系设置界面。

⑤ 记录坐标原点:将机器人示教坐标系切换成世界坐标系,分别沿X方向和Y方向移动同时记录X方向和Y方向的点。

坐标系中的X、Y、Z数据表示当前用户坐标系的原点相对于世界坐标系原点的偏移量,W、P、R数据表示当前用户坐标系相对于世界坐标系的旋转偏移量。

2. 机器人单轴控制

机器人单轴运动是指机器人6个轴相对独立的运动,每个轴在示教器上都有相应的操控按键。

在T1模式下,左手持机器人示教器,右手按示教器按键部分的"COORD",选择机器人的运动模式,示教器显示屏中的通知栏将显示关节坐标,如图3-8所示。

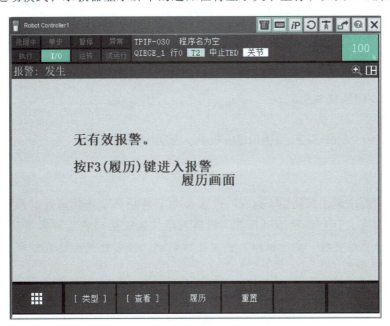

图3-8 单轴运动模式

左手按住示教器背面的使能键，直到不进行机器人点动再松开。

通知栏出现错误后，按下"RESET"键，直到错误消失再松开，然后一直按住"SHIFT"键，右手再按"J1"、"J2"、"J3"、"J4"、"J5"或"J6"键来控制单个轴的正反方向运动，如图 3-9 所示。

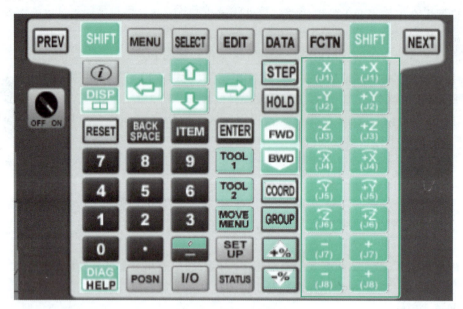

图 3-9 单轴运动控制

3. 世界坐标系与工具坐标系运动控制

世界坐标系与工具坐标系运动控制主要是线性运动，其操作步骤如下：

1) 按"COORD"，选择世界坐标运动模式。左手按住示教器背面的使能键，再单击"RESET"后按住"SHIFT"，右手再按"J1"、"J2"、"J3"键来控制机器人在 X、Y、Z 轴的正反方向线性运动。

2) 按"COORD"，选择工具坐标运动模式。左手按住示教器背面的使能键，再单击"RESET"后按住"SHIFT"，右手再按"J1"、"J2"、"J3"键来控制机器人在工具坐标系下 X、Y、Z 轴的正反方向线性运动。

知识 3.2　FANUC 机器人编程指令

1. 关节运动指令

一般关节轴运动的程序起始点使用 J 指令。机器人 TCP 将沿最快速轨迹运动到目标点，机器人的姿态会随机改变，TCP 路径不可预测。机器人最快速的运动轨迹通常不是最短的轨迹，因而关节轴运动不是直线。由于机器人轴为旋转运动，弧形轨迹会比直线轨迹更快，其运动示意图如图 3-10 所示。

关节轴运动的特点是：①运动的具体过程是不可预见的；②六个轴同时启动并且同时停止。

使用 J 指令可以使机器人的运动更加高效快速，也可以使机器人的运动更加柔和，但是关节轴运动的轨迹是不可预见的，所以使用 J 指令务必确认机器人与周边设备不会发生干涉。

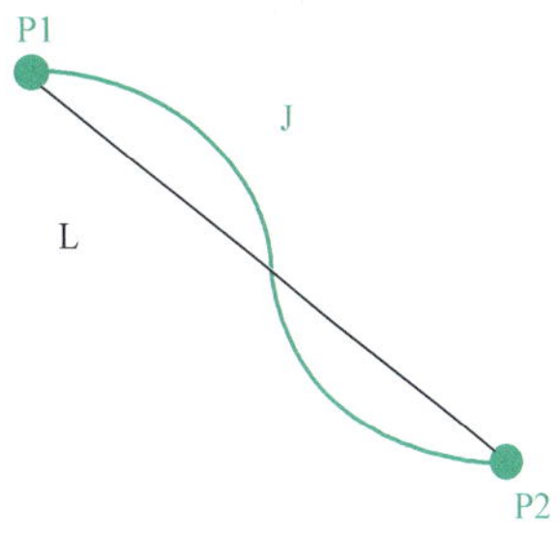

（1）指令格式

1:J P［1］ 100%FINE

2:J P［1］ 100%CNT100

指令格式说明如下：

1）J：机器人关节运动。

2）P［1］：目标点。

3）100%：机器人关节以 100%速度运动。

4）FINE：单行指令运动结束稍作停顿。

5）CNT100：机器人运动过程中，两行指令以 100mm 半径圆弧过度。

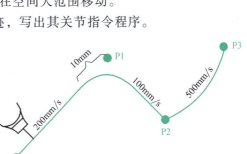

图 3-10 运动指令示意图

（2）应用 进行关节轴运动时，机器人以最快捷的方式运动至目标点，其运动状态不完全可控，但运动路径保持唯一，常用于机器人在空间大范围移动。

（3）编程实例 根据图 3-11 所示的运动轨迹，写出其关节指令程序。

图 3-11 所示的运动轨迹的关节指令程序如下：

 L P［1］ 200mm/sec CNT10

 L P［2］ 100mm/sec FINE

 J P［3］ 500mm/sec FINE

2. 线性运动指令

线性运动指令也称直线运动指令。工具的 TCP 按照设定的姿态从起点匀速移动到目标位置点，TCP 的运动路径是三维空间中 P1 点到 P2 点的直线运动，如图 3-12 所示。直线运动的起始点一般是前一运动指令的示教点，目标点是当前指令的示教点。其运动特点是：①运动路径可预见；②在指定的坐标系中可实现插补运动。

图 3-11 运动轨迹

（1）指令格式

1:L @P［1］ 100mm/secFINE

2:L @P［1］ 100mm/secCNT100

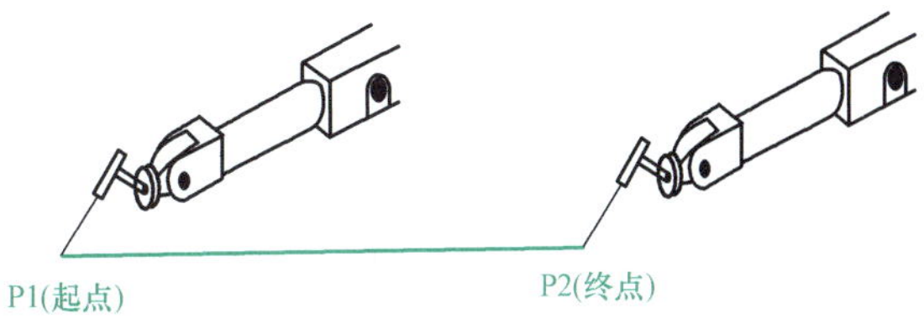

指令格式说明如下：

1）L：机器人直线运动。

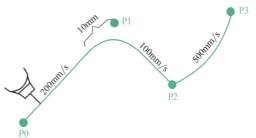

P1(起点) P2(终点)

图 3-12 直线运动指令示例图

2）P［1］：目标点。

3）100mm/sec：机器人 TCP 以 100mm/s 的速度运动。

4）FINE：单行指令运动结束稍作停顿。

5）CNT100：机器人运动中两行指令以 100mm 半径圆弧过度。

（2）应用 机器人以线性方式运动至目标点，当前点与目标点两点确定一条直线，机器人运动状态可控，运动路径保持唯一，可能出现奇点，常用于机器人在工作状态下移动。

3. 圆弧运动指令

圆弧运动指令也称为圆弧插补运动指令。三点确定唯一圆弧，因此，圆弧运动需要示教三个圆弧运动点。起始点 P1 是上一条运动指令的目标点，P2 是中间辅助点，P3 是圆弧终点（目标点），如图 3-13 所示。

（1）指令格式

C　P［1］

P［2］　2000mm/secFINE

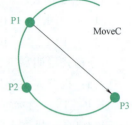

图 3-13　圆弧运动轨迹

指令格式说明如下：

1）C：机器人圆弧运动。

2）P［1］：圆弧中间点。

3）P［2］：圆弧终点。

4）2000mm/sec：机器人运动速度。

5）FINE：单行指令运动结束稍作停顿。

（2）应用　机器人通过中心点以圆弧方式运动至目标点，当前点、中间点与目标点三点确定一断圆弧。机器人运动状态可控，运动路径保持唯一，常用于机器人在工作状态下移动。

4. 焊接指令

焊接指令也称焊接运动指令，包括直线运动指令、关节运动指令、焊接开始指令和焊接结束指令。焊接开始点、焊接结束点分别为 P1、P2，如图 3-14 所示。运动结束方式包括 FINE、CNT：FINE 表示精确到位；CNT 表示圆滑过渡，有过度圆弧。

指令格式

LP［1］250cm/minFINE　焊接开始点

WELDSTART［A，B］　A 表示当前选择的焊接程序号，B 表示当前选择的焊接条件号

LP［2］WELD_SPEED CNT100

WELD END［A，B］　焊接结束指令

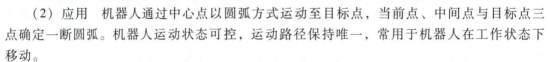

图 3-14　焊接轨迹

5. 其他控制指令

1）DO［180］=ON　置位数字量输出信号 DO180 上升沿有效。

2）DO［181］=PULSE0.5　数字量输出信号 DO181 发 0.5S 的脉冲。

3）WAIT［DI180=ON］　条件等待，等待数字量输入信号 DI180 位 ON 时继续执行程序。

4）WAIT　0.5sec　等待 0.5s。

5）CALL［RSR0001］　调用子程序名为 RSR0001 的程序。

除上述指令外，常用的控制指令还包括 IF 指令、FOR 循环指令、While 条件指令、JMP 跳转指令等。

知识 3.3　FANUC 机器人程序的创建与运行

1. 机器人程序的创建

机器人程序是机器人连续执行指定动作必不可少的条件。

1)按"SELECT"键进入程序目录界面,如图 3-15 所示。

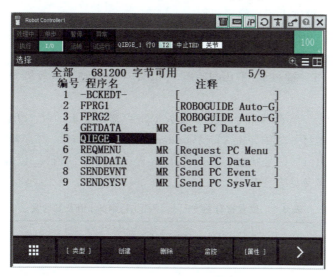

图 3-15　程序创建目录界面

2)按 F2 "CRATE"(创建)功能键,进入程序创建命名界面。

3)移动光标,选择程序命名方式,再使用 F1~F5 功能键写入程序名。程序命名方式:a. words 单词,b. UPPERCASE 大写,c. lowercase 小写,options 其他/键盘)。注意:程序命名起始字符不能用空格,也不能以符号或数字开头。

4)按功能键将程序名输入好之后,按"ENTER"键确认,再按 F3 "EDIT"(编辑)功能键进入程序编辑界面。

2. 机器人程序的选择

1)按"SELECT"键,进入程序目录界面。

2)移动光标到将要执行的程序名处。

3)按"EDIT"编辑键或"ENTER"键,进入程序编辑界面。

3. 机器人程序的编辑

(1)动作指令说明

N:JP[1]　J%　FINE

1)N:表示程序行号。

2)J:动作类型(J 关节/L 直线/C 圆弧)。

3)P[1]:位置数据(P 表示一般位置、PR 表示位置寄存器)。

4)J%:J 表示速度值,%表示速度单位(包括%、mm/s、cm/min、…)。

(2)动作指令编辑

指令示教方法一:

1)将 TP 开关打到 ON 状态,启用示教器手动控制。

2)移动机器人到所需位置。

3)在编辑界面按 F1 "点"选择合适的运动指令。

4)指令被选中后,按"ENTER"键确认,此时目标点位置被记录。

指令示教方法二:

1）将 TP 开关打到 ON 状态。

2）按"EDIT"键进入程序编辑界面。

3）按 F1"点"功能键，选择所需运动指令，按"ENTER"键确认。

4）移动机器人到所需位置。

5）按住"SHIFT"键+F5"TOUCHUP"（示教）功能键，示教机器人目标点位置，目标点位置以记录。

（3）寄存器指令　寄存器指令包括：①数据寄存器指令 R[i]；②位置寄存器 PR[i]/PR[i,j]，i 为寄存器号。其中，R[i]={constant　常数；R[i]　寄存器的值；PR[i, j] 位置寄存器的值；DI[i] 信号状态；Timer[i]　程序计时器的值}。位置寄存器 PR[i]/PR[i,j]中的 j 值及其含义见表 3-1。

表 3-1　位置寄存器 PR[i]/PR[i,j]中的 j 值及其含义

j 值	LOPS 直角坐标	JPOS 关节坐标
j = 1	X	J1
j = 2	Y	J2
j = 3	Z	J3
j = 4	W	J4
j = 5	P	J5
j = 6	R	J6

4. 安全操作规范

（1）机器人示教及手动操作

1）操作机器人时不要戴着手套去操控机器人示教器及操作面板。

2）点动机器人时，操作速度要采用较低的速度倍率，以增加对机器人的控制强度。

3）操控机器人运动之前要预先考虑机器人的运动趋势，以免发生干涉。

4）机器人示教编程时，要预先考虑好机器人的运动轨迹，确保机器人运动线路不会受到干扰。

5）机器人周围要保持清洁、无油、水及杂质等。

（2）机器人程序运行

1）机器人在开机运行之前，需了解机器人以及机器人程序所要执行的全部任务。

2）要知道机器人所有运动的控制按键、传感器开关及控制信号的位置及状态信息。

3）要知道机器人控制柜及外围设备上急停按钮的位置，以防在紧急状况下找不到急停按钮，发生安全事故。

4）机器人运动过程中，如果突然停止，不要误认为机器人不移动或机器人程序就已经执行完成，这时可能是机器人程序在等待一个触发条件信号，机器人在接收到这个信号后才会继续运动。

项目实施

任务 3.1　工业机器人轨迹模块实训

一、实训目的

1. 了解示教界面的显示功能和操作方法。
2. 掌握机器人的运动指令。
3. 掌握机器人的点位示教方法。
4. 掌握轨迹模块的编程方法和操作方法。

二、任务准备

实施本任务教学所使用的实训设备及工具见表 3-2。

表 3-2　实训设备及工具

序号	实训设备及工具
1	工业机器人应用编程标准实训平台
2	FANUC 机器人 LR Mate 200iD/4S
3	轨迹模块
4	切割夹具

轨迹训练工作站包含 6 轴工业机器人、切割夹具和轨迹模块。轨迹模块如图 3-16 所示，由平面三角形、平面风车图案、曲面整圆和曲面凹字形图案组成。将该模块安装在设备的合适位置，并将切割夹具放置于快换夹具库内。

图 3-16　走轨迹模块和切割夹具

三、轨迹训练单元的安装

轨迹模块的 4 个角有用于安装固定模型的螺钉孔，把模型安装到机器人实训平台上的合理位置，用 M5 内六角螺钉将其固定，保证模型紧固牢靠。

四、切割夹具的安装

本套件训练采用切割夹具，该夹具包含机器人末端连接法兰、切割夹具两部分。这两部分通过快换夹具模块进行连接，如图 3-17 所示。快换夹具模块动作 I/O 信号说明见表 3-3。当 RO［1］端口为 ON 时，装上工具；当 RO［1］端口为 OFF 时，卸掉工具；当 RO［3］端口为 ON 时，手爪夹紧；当 RO［3］端口为 OFF 时，手爪松开。

a) 机器人侧　　　　　　　　　b) 夹具侧

图 3-17　快换夹具模块

表 3-3　快换夹具模块动作 I/O 信号说明

RO[1]端口	ON 时装上工具	OFF 时卸掉工具
RO[3]端口	ON 时手爪夹紧	OFF 时手爪松开

五、相关指令及其 I/O 点位

1）线性运动指令：线性运动指令用于将 TCP 沿直线移动至给定目标点。当 TCP 保持固定时，该指令亦可用于调整工具方位。

2）关节运动指令：当机器人无须沿直线运动时，关节运动指令用于将机械臂迅速地从一点移动至另一点，机械臂和外部轴沿非线性路径运动至目标位置。所有轴均同时到达目标位置。

3）圆弧运动指令：圆弧运动指令用于使机器人沿圆弧运动，需要示教 2 个点位：圆弧的中间点以及终点。

RO[1] = ON/OFF：用于置位和复位机器人快换夹具信号。其他 I/O 点位信号功能见表 3-4。

表 3-4　I/O 点位信号功能

信　号	信号功能
DI180	导轨寻原点完成后，只要导轨在 1 号位置，此信号一直为 ON 状态
DI181	导轨寻原点完成后，只要导轨在 2 号位置，此信号一直为 ON 状态
DI182	导轨寻原点完成后，只要导轨在 3 号位置，此信号一直为 ON 状态
DO180	导轨去 1 号位置
DO181	导轨去 2 号位置
DO182	导轨去 3 号位置
RO[1]	机器人快换夹具信号

六、切割机器人运行轨迹

轨迹模型上的图形布局如图 3-16 所示。对机器人的轨迹进行规划，并绘制出机器人运行轨迹图。

七、示教要求及机器人程序的编写

1. 示教要求

1）在进行轨迹示教时,切割工具姿态尽量垂直于工件表面。

2）工业机器人运行轨迹要平缓流畅。

3）切割工具与图案边缘距离 0.2~1mm,尽量靠近工件图案边缘,但不能与工件接触,以免刮伤工件表面。

4）因该工作站涉及的目标点较多,可分解为多个子程序,每个子程序包含一个独立的目标点程序,在主程序中调用不同图案的子程序即可。各个程序结构清晰,利于查看、修改。本项目将 4 个图案作为一个整体,故将 4 个图案设计为一个整体子程序。

2. 设计机器人程序流程图

根据机器人控制功能设计机器人程序流程图,如图 3-18 所示。其动作包括系统初始化、机器人取夹具、进行轨迹示教、放夹具以及机器人导轨归位。

图 3-18　机器人程序流程图

3. 机器人程序设计

根据机器人程序流程图以及轨迹图设计机器人程序。

主程序：

RSR0001	程序名称
1:CALL INITIALIZE	调用初始化子程序,用于复位机器人的位置、信号和数据等
2:CALL PICKTOOL1	调用抓取 1 号夹具子程序
3:CALL TRACK	调用走轨迹子程序,包含三角形、风车型、整圆及凹字形轨迹
4:CALL PLACETOOL1	调用放 1 号夹具子程序
5:J PR[19] 100% FINE	机器人回 HOME 点
6:DO[181:OFF] = ON	机器人导轨回 2 号位置
7:WAIT DI[181:ON] = ON;	等待导轨移动到位
8:DO[181:OFF] = OFF	导轨信号复位
9:END	程序执行完毕

子程序：

INITIALIZE	程序名称（初始化）
1:DO[180:OFF] = OFF	复位导轨 1 号位置
2:DO[181:OFF] = OFF	复位导轨 2 号位置
3:DO[182:OFF] = OFF	复位导轨 3 号位置
4:RO[1:OFF] = OFF	复位快换夹具信号
5:J PR[19] 20% CNT100	机器人回 HOME 点

6:END 程序执行完毕
PICKTOOL1 程序名称(抓取1号夹具,即切割工具)
1:DO[180:OFF]=ON 机器人导轨去1号位置
2:WAIT DI[180:OFF]=ON 等待导轨到达1号位置
3:DO[180:OFF]=OFF 复位导轨1号位置
4:J P[1] 20% CNT100 安全点位
5:J P[2] 100% CNT100 中间点位
6:L P[3] 50mm/sec FINE 抓取点位
7:RO[1:OFF]=ON 抓取1号夹具
8:WAIT 1.00(sec) 等待1s
9:L P[4] 50mm/sec FINE 抬起1号夹具
10:L P[5] 100mm/sec FINE 移出1号夹具库
11:L P[6] 100mm/sec FINE 抬起至安全位置
12:L PR[19] 100mm/sec FINE 机器人回 HOME 点
13:END 程序结束
TRACK 程序名称(走轨迹)
1:L P[4] 100mm/sec FINE 安全点位
2:L P[1] 100mm/sec FINE 三角形图案起始点
3:L P[2] 100mm/sec FINE 第一条边
4:L P[3] 100mm/sec FINE 第二条边
5:L P[1] 100mm/sec FINE 回到起始点
6:L P[4] 100mm/sec FINE 抬起安全位置

 走平面风车图形
8:L P[5] 100mm/sec FINE 中间点(起始点)
9:L P[6] 100mm/sec FINE 走直线
10:C P[7] 走半圆
 :P[8] 100mm/sec FINE
11:L P[9] 100mm/sec FINE 走直线
12:C P[10] 走半圆
 :P[8] 100mm/sec FINE

13:L P[11] 100mm/sec FINE 走直线
14:C P[12] 走半圆
 :P[8] 100mm/sec FINE
15:L P[13] 100mm/sec FINE 走直线
16:C P[14] 走半圆
 :P[8] 100mm/sec FINE
17:L P[4] 100mm/sec FINE 抬起安全位置
18: 走整圆
19:L P[15] 100mm/sec FINE 起始点

20:C P[16]   第一段圆弧
  :P[17] 100mm/sec FINE
21:C P[18]   第二段圆弧
  :P[19] 100mm/sec FINE
22:C P[20]   第三段圆弧
  :P[21] 100mm/sec FINE
23:C P[22]   第四段圆弧
  :P[15] 100mm/sec FINE
24:L P[4] 100mm/sec FINE   抬起安全位置
25:                                      走凹字图形
26:L P[23] 100mm/sec FINE   起始点
27:C P[24]   曲面圆弧
  :P[25] 100mm/sec FINE
28:L P[26] 100mm/sec FINE   走直线
29:C P[27]   曲面圆弧
  :P[28] 100mm/sec FINE
30:L P[29] 100mm/sec FINE   走直线
31:C P[30]   曲面圆弧
  :P[31] 100mm/sec FINE
32:L P[32] 100mm/sec FINE   走直线
33:C P[33]   曲面圆弧
  :P[34] 100mm/sec FINE
34:L P[23] 100mm/sec FINE   回到起始点
35:L P[4] 100mm/sec FINE   抬起安全位置
36:J PR[19] 10% FINE   机器人回 HOME 点
END   运行结束
PLACETOOL1   程序名称（放 1 号夹具）
1:DO[180:OFF] = ON   导轨去 1 号位置
2:WAIT DI[180:OFF] = ON   等待导轨到达位置
3:DO[180:OFF] = OFF   复位导轨 1 号位置信号
4:J P[1] 20% FINE   中间点位
5:L P[2] 100mm/sec FINE   准备移至 1 号夹具位置
6:L P[3] 100mm/sec FINE   进入 1 号夹具位置
7:L P[4] 100mm/sec FINE   到达 1 号夹具位置
8:RO[1:OFF] = OFF   放置 1 号夹具
9:WAIT 1.00(sec)   等待 1s
10:L P[5] 100mm/sec FINE   移至安全位置
11:END   程序结束

4. 实训步骤及方法

1）将轨迹模块安装到桌面上的合适位置。

2）将写字笔夹具放置于快换夹具库内。

3）使用机器人示教器对该模块进行示教编程。

任务 3.2　多边形搬运模块实训

一、实训目的

1. 掌握机器人的运动指令。
2. 掌握机器人的点位示教方法。
3. 掌握机器人的 I/O 指令。
4. 掌握机器人逻辑编程方法。
5. 掌握搬运模块的编程和操作方法。

二、任务准备

实施本任务教学所使用的实训设备及工具见表 3-5。

表 3-5　实训设备及工具

序　号	实训工具
1	工业机器人应用编程标准实训平台
2	FANUC 机器人 LR Mate 200iD/4S
3	搬运模块
4	吸盘夹具

搬运训练工作站包含 6 轴工业机器人、伺服导轨、吸盘夹具和搬运模块。搬运模块如图 3-19 所示，有正方形、椭圆形、多边形和圆形图案，可单独使用进行搬运练习。其另一面可嵌入 RFID 芯片，与 RFID 模块组合使用，进行判断逻辑搬运。将搬运模块在桌面上的合适位置安装好，将吸盘夹具放置于夹具库位内，检查设备气压是否正常。

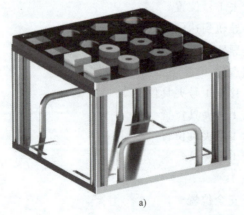

a)　　　　　　　　　　　　　　　　b)

图 3-19　搬运模块和吸盘夹具

三、搬运训练单元的安装

搬运模块 4 个角有用于安装固定模型的螺钉孔,把模型安装到机器人实训平台上的合理位置,用 M5 内六角螺钉将其固定,保证模型紧固牢靠。

四、吸盘工具的安装

本套件训练采用吸盘工具,包含机器人末端连接法兰和吸盘两部分。这两部分跟轨迹模块一样,通过快换夹具模块进行连接。对于快换夹具模块动作 I/O 信号,当 RO[1]端口为 ON 时,装上工具;RO[1]端口为 OFF 时,卸掉工具;当 DO[115]端口为 ON 时,吸盘夹具夹紧;当 DO[115]为 OFF 时,吸盘夹具复位。

五、相关指令及其 I/O 点位

1)线性运动指令:线性运动指令用于将 TCP 沿直线移动至给定目标点。当 TCP 保持固定时,该指令亦可用于调整工具方位。

2)关节运动指令:当机器人无须沿直线运动时,关节运动指令用于将机械臂迅速地从一点移动至另一点,机械臂和外部轴沿非线性路径运动至目标位置。所有轴均同时到达目标位置。

3)圆弧运动指令:圆弧运动指令用于使机器人沿圆弧运动,需要示教 2 个点位:圆弧的中间点以及终点。

RO[1]=ON/OFF:用于置位和复位机器人快换夹具信号。

DO[115]=ON/OFF:用于置位和复位机器人吸盘夹具信号。

CALL:机器人程序调用指令。

WAIT:等待指令,可等待时间,也可等待信号。

I/O 点位信号功能见表 3-6。

表 3-6 I/O 点位信号功能

信 号	信号功能
DI180	导轨寻原点完成后,只要导轨在 1 号位置,此信号一直为 ON 状态
DI181	导轨寻原点完成后,只要导轨在 2 号位置,此信号一直为 ON 状态
DI182	导轨寻原点完成后,只要导轨在 3 号位置,此信号一直为 ON 状态
DO180	导轨去 1 号位置
DO181	导轨去 2 号位置
DO182	导轨去 3 号位置
RO[1]	机器人快换夹具信号
DO[115]	机器人吸盘夹具信号

六、搬运机器人搬运路径

搬运模型的分布如图 3-19 所示。对机器人的搬运进行规划,将两列多边形搬运到对应的两列位置处,并进行路径规划。

七、示教要求及机器人程序的编写

1. 示教要求

根据机器人运动轨迹编写机器人程序时,首先根据控制要求绘制机器人程序流程图,然后编写机器人主程序和子程序。子程序主要包括系统初始化、机器人取夹具、搬运、放夹具和导轨归位。编写子程序前，要先设计好机器人的运行轨迹，定义好机器人的程序点。

2. 设计机器人程序流程图

根据机器人控制功能，设计机器人程序流程图，如图3-20所示。

图3-20　机器人程序流程图

3. 机器人程序设计

机器人参考程序如下：

主程序：

RSR0001　　　　　　　　　　　　　　程序名称
1：CALL INITIALIZE　　　　　　　　　调用初始化子程序
2：CALL PICKTOOL2　　　　　　　　　调用抓取2号夹具子程序
3：CALL HANDLING　　　　　　　　　调用搬运子程序
4：CALL PLACETOOL2　　　　　　　　调用放2号夹具子程序
5：J PR［19］100% FINE　　　　　　　机器人回HOME点
6：DO［181:OFF］=ON　　　　　　　　机器人导轨回到2号位置
7：WAITDI［181:ON］=ON　　　　　　等待导轨移动到位
8：DO［181:OFF］=OFF　　　　　　　 导轨信号复位
9：END　　　　　　　　　　　　　　 程序执行完毕

子程序：

INITIALIZE　　　　　　　　　　　　　程序名称（初始化）
1：DO［180:OFF］=OFF　　　　　　　 复位导轨1号位置
2：DO［181:OFF］=OFF　　　　　　　 复位导轨2号位置
3：DO［182:OFF］=OFF　　　　　　　 复位导轨3号位置
4：RO［1:OFF］=OFF　　　　　　　　 复位快换夹具信号
5：DO［115］=OFF　　　　　　　　　 吸盘信号复位
6：PR［1］=LPOS　　　　　　　　　　PR［1］类型
7：PR［1,1］=0　　　　　　　　　　　PR［1］数值清零
8：PR［1,2］=0　　　　　　　　　　　PR［1］数值清零
9：PR［1,3］=0　　　　　　　　　　　PR［1］数值清零
10：PR［1,4］=0　　　　　　　　　　 PR［1］数值清零
11：PR［1,5］=0　　　　　　　　　　 PR［1］数值清零
12：PR［1,6］=0　　　　　　　　　　 PR［1］数值清零
13：R［4］=0　　　　　　　　　　　　R［4］数值清零
14：J PR［19］20%CNT100　　　　　　 机器人回HOME点
15：END　　　　　　　　　　　　　　程序执行完毕

PICKTOOL2　　　　　　　　　　　　　程序名称（抓取2号夹具）
1：DO［180:OFF］=ON　　　　　　　　机器人导轨去1号位置

2：WAITDI[180:OFF]=ON　　　　　　等待导轨到达1号位置
3：DO[180:OFF]=OFF　　　　　　　 复位导轨1号位置
4：J P[1]20%CNT100　　　　　　　　安全点位
5：J P[2]100%CNT100　　　　　　　 中间点位
6：L P[3]50mm/sec FINE　　　　　　抓取点位
7：RO[1:OFF]=ON　　　　　　　　　抓取2号夹具
8：WAIT 1.00(sec)　　　　　　　　　等待1s
9：L P[4]50mm/sec FINE　　　　　　抬起2号夹具
10：L P[5]100mm/sec FINE　　　　　出2号夹具库
11：L P[6]100mm/sec FINE　　　　　抬起至安全点位
12：L PR[19]100mm/sec FINE　　　　机器人回HOME点
13：END　　　　　　　　　　　　　 程序结束
HANDLING　　　　　　　　　　　　 程序名称(搬运)
1：DO[182]=ON　　　　　　　　　　 导轨去3号位置
2：WAIT DI[182]=ON　　　　　　　　等待导轨到位
3：DO[182]=OFF　　　　　　　　　　复位导轨信号
4：J P[1]10%FINE　　　　　　　　　 安全点位
5：FOR R[4]=0 TO 3　　　　　　　　 循环四次
6：L P[2]100mm/sec FINE Offset,PR[1]　中间位置,每次循环在P[2]的基础上偏移PR[1]的值
7：L P[3]100mm/sec FINE Offset,PR[1]　吸取位置,每次在P[3]的基础上循环偏移PR[1]的值
8：DO[115]=ON　　　　　　　　　　 吸取一排第一个物料,后面三次循环每次偏移一排
9：WAIT 1.00(sec)　　　　　　　　　等待1s
10：L P[4]100mm/sec FINE Offset,PR[1]　提取至安全位置,每次在P[4]的基础上循环偏移PR[1]的值
11：L P[6]100mm/sec FINE Offset,PR[1]　中间位置,每次循环在P[6]的基础上偏移PR[1]值
12：L P[5]100mm/sec FINE Offset,PR[1]　放置位置,每次在P[5]的基础上循环偏移PR[1]值
13：DO[115]=OFF　　　　　　　　　　放置物料
14：WAIT 1.00(sec)　　　　　　　　　等待1s
15：L P[6]100mm/sec FINE Offset,PR[1]　提取至安全位置,每次在P[6]的基础上循环偏移PR[1]的值
16：L P[7]100mm/sec FINE Offset,PR[1]　中间位置,每次循环在P[7]的基础上偏移PR[1]值
17：L P[8]100mm/sec FINE Offset,PR[1]　吸取位置,每次在P[8]的基础上循环偏移PR[1]值

| 18：DO[115] = ON | 吸取第一排第二个物料,后面三次循环每次偏移一排 |

19：WAIT 1.00(sec)	等待 1s
20：L P[7]100mm/sec FINE Offset,PR[1]	提取至安全位置,每次在 P[7]的基础上循环偏移 PR[1]的值
21：L P[9]100mm/sec FINE Offset,PR[1]	中间位置,每次循环在 P[9]的基础上偏移 PR[1]值
22：L P[10]100mm/sec FINE Offset,PR[1]	放置位置,每次在 P[10]的基础上循环偏移 PR[1]的值
23：DO[115] = OFF	放置物料
24：WAIT 1.00(sec)	等待 1s
25：L P[9]100mm/sec FINE Offset,PR[1]	提取至安全位置
26：PR[1,1] = PR[1,1] - 52	每循环一次,PR[1]的 X 轴减少 52
30：ENDFOR	循环结束
PLACETOOL2	程序名称(放 2 号夹具)
1：DO[180：OFF] = ON	导轨去 1 号位置
2：WAIT DI[180：OFF] = ON	等待导轨到达位置
3：DO[180：OFF] = OFF	复位导轨 1 号位置信号
4：J P[1]20%FINE	中间点位
5：L P[2]100mm/sec FINE	准备移至 2 号夹具位置
6：L P[3]100mm/sec FINE	进入 2 号夹具位置
7：L P[4]100mm/sec FINE	达到 2 号夹具位置
8：RO[1：OFF] = OFF	放置 2 号夹具
9：WAIT 1.00(sec)	等待 1s
10：L P[5]100mm/sec FINE	移至安全位置
11：END	程序结束

4. 实训步骤及方法

1）将搬运模块安装到桌面上的合适位置。

2）将吸盘夹具放置于快换夹具库内。

3）使用机器人示教器对该模块进行示教编程。

任务 3.3　码垛模块实训

一、实训目的

1. 掌握机器人的码垛指令。
2. 掌握机器人的点位示教方法。
3. 掌握机器人的 I/O 指令。
4. 掌握机器人逻辑编程方法。

5. 掌握码垛模块的编程和操作方法。

二、任务准备

实施本任务教学所使用的实训设备及工具见表3-7。

表3-7 实训设备及工具

序 号	实训工具
1	工业机器人应用编程标准实训设备台
2	FANUC 机器人 LR Mate 200iD/4S
3	码垛模块
4	吸盘夹具

码垛训练工作站包含 6 轴工业机器人、伺服导轨、吸盘夹具和码垛模块。码垛模块如图 3-21 所示，有正方体、长方体，可进行机器人的搬运练习，也可以进行机器人堆垛和拆垛练习。将码垛模块安装于桌面的合适位置，将物料正确摆放在模块上，将吸盘工具正确放置于夹具库位内。

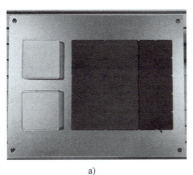 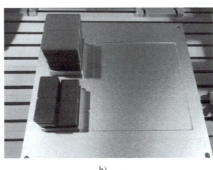 

a)   b)   c)

图 3-21 码垛模块和吸盘夹具

三、码垛训练单元的安装

码垛模块 4 个角上有用于安装固定模型的螺钉孔，把模型安装到机器人实训平台上的合理位置，用 M5 内六角螺钉将其固定，保证模型紧固牢靠。

四、吸盘工具的安装

本套件训练采用吸盘工具，包含机器人末端连接法兰和吸盘两部分。这两部分跟轨迹模块一样，通过快换夹具模块进行连接。对于快换夹具模块动作 I/O 信号，当 RO［1］端口为 ON 时，装上工具；当 RO［1］端口为 OFF 时，卸掉工具；当 DO［115］端口为 ON 时，吸盘夹具夹紧，当 DO［115］为 OFF 时，吸盘夹具复位。

五、相关指令及其 I/O 点位

1）线性运动指令：线性运动指令用于将 TCP 沿直线移动至给定目标点。当 TCP 保持固定时，该指令亦可用于调整工具方位。

2）关节运动指令：当机器人无须沿直线运动时，关节运动指令用于将机械臂迅速地从一点移动至另一点。机械臂和外部轴沿非线性路径运动至目标位置。所有轴均同时到达目标位置。

3）圆弧运动指令：圆弧运动指令用于圆弧运动方式，需要示教 2 个点位，圆弧的中间点以及终点。RO［1］= ON/OFF：用于置位和复位机器人专用 I/O 信号。

DO［115］= ON/OFF：用于置位和复位机器人吸盘夹具信号。

CALL：机器人程序调用指令。

WAIT：等待指令，可等待时间，也可等待信号。

PALLETIZING-B_1：码垛指令，使用该指令时有向导，根据向导设置相应参数即可。

I/O 点位信号功能见表 3-8。

表 3-8 I/O 点位信号功能

信 号	信号功能
DI180	导轨寻原点完成后,只要导轨在 1 号位置,此信号一直为 ON 状态
DI181	导轨寻原点完成后,只要导轨在 2 号位置,此信号一直为 ON 状态
DI182	导轨寻原点完成后,只要导轨在 3 号位置,此信号一直为 ON 状态
DO180	导轨去 1 号位置
DO181	导轨去 2 号位置
DO182	导轨去 3 号位置
RO［1］	机器人快换夹具信号
DO［115］	机器人吸盘夹具信号

六、码垛机器人码垛路径

码垛套件可灵活自由地组合出多种排列码垛方式，如图 3-21 所示，此处以正方体、长方体为例进行码垛堆放。根据码垛要求，分析并设计机器人的运行轨迹分布，确定其运动所需要的示教点。

七、示教要求及机器人程序的编写

1. 示教要求

根据机器人运动轨迹编写机器人程序时，首先根据控制要求绘制机器人程序流程图，然后编写机器人主程序和子程序。子程序主要包括系统初始化、机器人取夹具、码垛、放夹具和导轨归位。编写子程序前要先设计好机器人的运行轨迹，定义好机器人的程序点。

2. 设计机器人程序流程图

根据机器人控制功能，设计机器人程序流程图，如图 3-22 所示。

图 3-22 机器人程序流程图

3. 机器人程序设计

机器人参考程序如下：

主程序：
RSR0001   程序名称
1:CALL INITIALIZE   调用初始化子程序
2:CALL PICKTOOL2   调用抓取2号夹具子程序
3:CALL PALLET   调用码垛子程序
4:CALL PLACETOOL2   调用放2号夹具子程序
5:J PR[19]100% FINE   机器人回HOME点
6:DO[181:OFF]=ON；   机器人导轨回到2号位置
7:WAIT DI[181:ON]=ON   等待导轨移动到位
8:DO[181:OFF]=OFF   导轨信号复位
9:END   程序执行完毕
子程序：
INITIALIZE   程序名称（初始化）
1:DO[180:OFF]=OFF   复位导轨1号位置
2:DO[181:OFF]=OFF   复位导轨2号位置
3:DO[182:OFF]=OFF   复位导轨3号位置
4:RO[1:OFF]=OFF   复位快换夹具信号
5:DO[115]=OFF   吸盘信号复位
6:J PR[19]20%CNT100   机器人回HOME点
7:END   程序执行完毕
PICKTOOL2   程序名称（抓2号夹具）
1:DO[180:OFF]=ON   机器人导轨去1号位置
2:WAIT DI[180:OFF]=ON   等待导轨到达1号位置
3:DO[180:OFF]=OFF   复位导轨1号位置
4:J P[1]20%CNT100   安全点位
5:J P[2]100%CNT100   中间点位
6:L P[3]50mm/sec FINE   抓取点位
7:RO[1:OFF]=ON   吸取2号夹具
8:WAIT 1.00(sec)   等待1s
9:L P[4]50mm/sec FINE   抬起2号夹具
10:L P[5]100mm/sec FINE   移出2号夹具库
11:L P[6]100mm/sec FINE   抬起至安全位置
12:L PR[19]100mm/sec FINE   机器人回HOME点
13:END   程序结束
PALLET   码垛子程序
1:DO[181]=ON   机器人导轨去2号位置
2:WAITDI[181]=ON   等待机器人导轨位置到达
3:DO[181]=OFF   复位导轨信号
4:R[5]=0   计数器5清零

5:PL[1]=[1,1,1]	码垛计数器1复位
6:PL[2]=[1,1,1]	码垛计数器2复位
7:R[6]=0	计数器6清零
8:PL[3]=[1,1,1]	码垛计数器3复位
9:PL[4]=[1,1,1]	码垛计数器3复位
10:FOR R[5]=0 TO 9	循环10次
11:PALLETIZING-B_1	码垛指令1,吸取长方体物料
12:J PAL_1[A_1]10% FINE	安全点位
13:J PAL_1[BTM]10% FINE	吸取点位
14:DO[115]=ON	吸盘吸取
15:WAIT 1.00(sec)	等待1s
16:J PAL_1[R_1]10% FINE	抬起至安全点位
17:PALLETIZING-END_1	码垛指令1结束
18:PALLETIZING-B_2	码垛指令2,堆垛长方体物料
19:J PAL_2[A_1]30% FINE	安全点位
20:J PAL_2[BTM]30% FINE	放置点位
21:DO[115]=OFF	吸盘放气
22:WAIT 1.00(sec)	等待1s
23:J PAL_2[R_1]30% FINE	抬起至安全点位
24:PALLETIZING-END_2	码垛指令2结束
25:ENDFOR	循环结束
26:FOR R[6]=0 TO 9	循环10次堆垛正方体物料
27:PALLETIZING-B_3	码垛指令3吸取正方体物料
28:J PAL_3[A_1]30% FINE	安全点位
29:J PAL_3[BTM]30% FINE	吸取点位
30:DO[115]=ON	吸盘吸取
31:WAIT 1.00(sec)	等待1s
32:J PAL_3[R_1]30% FINE	抬起至安全点位
33:PALLETIZING-END_3	码垛指令3结束
34:PALLETIZING-B_4	码垛指令4堆垛方形物料
35:J PAL_4[A_1]30% FINE	安全点位
36:J PAL_4[BTM]30% FINE	放置点位
37:DO[115]=OFF	吸盘放气
38:WAIT 1.00(sec)	等待1s
39:J PAL_4[R_1]30% FINE	抬起安全点位
40:PALLETIZING-END_4	码垛指令4结束
41:ENDFOR	循环结束
PLACETOOL2	程序名称(放2号夹具)
1:DO[180:OFF]=ON	导轨去1号位置

```
2:WAIT DI[180:OFF]=ON          等待导轨到达位置
3:DO[180:OFF]=OFF              复位导轨1号位置信号
4:J P[1]20%FINE                中间点位
5:L P[2]100mm/sec FINE         准备移至2号夹具位置
6:L P[3]100mm/sec FINE         进入2号夹具位置
7:L P[4]100mm/sec FINE         达到2号夹具位置
8:RO[1:OFF]=OFF                放置2号夹具
9:WAIT 1.00(sec)               等待1s
10:L P[5]100mm/sec FINE        移至安全位置
11:END                         程序结束
```

4. 实训步骤及方法

1)将码垛模块安装到桌面上的合适位置。
2)将吸盘夹具放置于快换夹具库内。
3)使用机器人示教器对该模块进行示教编程。

项目评价

项目测评

考核点	主要内容	技术要求	分值	评分记录
1	认识工业机器人示教编程	1. 工业机器人运动控制 2. 工业机器人编程指令应用 3. 工业机器人的程序创建与运行	20	
2	工业机器人轨迹模块实训	1. 将轨迹模块安装到桌面上的合适位置 2. 将切割夹具放置于快换夹具库内 3. 使用机器人示教器对轨迹模块进行示教编程	20	
3	多边形搬运模块实训	1. 将搬运模块安装到桌面上的合适位置 2. 将吸盘夹具放置于快换夹具库内 3. 使用机器人示教器对搬运模块进行示教编程	30	
4	码垛模块实训	1. 将码垛模块安装到桌面上的合适位置 2. 将吸盘夹具放置于快换夹具库内 3. 使用机器人示教器对码垛模块进行示教编程	20	
5	综合职业素养	1. 工位保持清洁,物品整齐 2. 着装规范整洁,佩戴安全帽 3. 规范操作,爱护设备 4. 遵守6S管理规范 5. 求真务实,具有做事扎实的职业态度	10	

项目反馈

项目学习情况：

心得与反思：

项目拓展

1. 工业机器人绘画模块实训

绘画训练工作站包含 6 轴工业机器人、画笔夹具和绘画模块。在绘画模块上放置一张附有图案的 A4 纸，图案可自行设置，也可使用空白的 A4 纸进行即兴发挥。将 A4 纸正确吸附在绘画模块上，再将该模块安装在桌面上的合适位置，如图 3-23 所示。将推起面板设置一个合适的倾斜角度进行机器人编程。

利用该图纸上坐标导引线，按所设置的角度建立机器人用户坐标系。

2. 工业机器人七巧板模块实训

七巧板模块训练工作站包含 6 轴工业机器人、吸盘夹具和七巧板模块。七巧板模块共分为 2 个区域，如图 3-24 所示，正方形区域为七巧板码放区域，长方形区域为七巧板图案摆放区域，在该区域

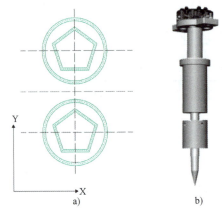

图 3-23 工业机器人绘画模块

内可以随意设计不同的图案。将七巧板正确码放在正方形区域内，再将该模块安装在桌面上的合适位置，如图 3-24 所示。将吸盘夹具放置在夹具库内，构思需要摆放的图案，参考图案如图 3-24 所示，最后进行机器人的示教编程。

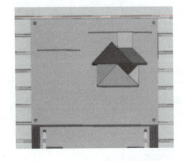

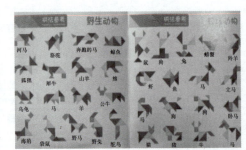

图 3-24 工业机器人七巧板模块

3. 工业机器人棋子搬运模块实训

棋子搬运模块训练工作站包含 6 轴工业机器人、吸盘夹具、一套黑白棋子和棋子搬运模

块。棋子搬运模块共分为3个区域，如图3-25所示，左边2个棋盒放置黑色棋子，右边2个棋盒放置白色棋子，中间网格区域为8×8的摆放区域，在该区域内可以随意设计不同的图案。将黑白棋子正确码放在两边的棋盒内，再将该模块安装在桌面的合适位置。将吸盘夹具放置在夹具库内，构思需要摆放的图案，参考图案如图3-25所示，最后进行机器人的示教编程。

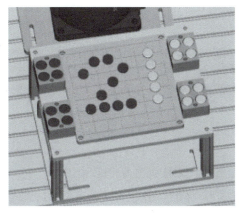 

图 3-25　工业机器人棋子搬运模块

4. 思考与问答

1）为什么要建立用户坐标系？用户坐标系的功能是什么？
2）在使用吸盘进行抓取和放置时应该注意什么？
3）吸盘夹具是否需要真空吸盘？真空吸盘的作用是什么？
4）使用I/O指令时为什么要等待时间？在调用程序时需要注意什么？

项目4 工业机器人机器视觉

项目目标

知识目标

1. 了解机器视觉系统的定义、作用和特点,理解视觉传感器的组成。
2. 掌握机器视觉系统及称重模块的硬件组成,理解视觉及称重模块的相关参数。
3. 掌握机器视觉软件的编程环境及操作界面。

技能目标

1. 会调节视觉模块的相机参数。
2. 会配置视觉模块环境,调试视觉模块光源,连接视觉与PLC的I/O。
3. 会使用视觉软件,应用视觉特征匹配进行缺陷检测。
4. 会使用称重模块。

素养目标

1. 培养学生学会应用机器视觉及传感等新技术,克服畏难情绪,培养严于律己、知难而进的意志和毅力。
2. 培养学生精雕细琢、精益求精、勇于创新的工匠精神。
3. 通过工业机器人传感器系统的学习,培养学生高尚的品德、过硬的专业能力以及创新创效的职业素养。

1+X 证书技能映射

工业机器人应用编程证书技能要求(中级)	
2.1.1	能够根据工作任务要求,利用扩展的数字量I/O信号对供料、输送等典型单元进行机器人应用编程
2.2.3	能够根据工作任务要求,使用平移、旋转等方式完成程序变换
2.3.2	能够根据工作任务要求,编制工业机器人结合机器视觉等智能传感器的应用程序

项目描述

工业机器人机器视觉及传感器的应用是工业机器人应用编程人员的必备技能。通过本项目中的工业机器人电动机模块检测实训、工业机器人称重模块实训2个任务,学生应了解工业机器人视觉系统,称重模块的原理及使用以及机器视觉硬件系统、软件系统的应用。

工业机器人电动机成品由电动机定子、电动机转子和电动机端盖组装组成。电动机装配时需首先将电动机转子装配到电动机定子中,再将电动机端盖装配到电动机转子上。工业机器人电动机装配工件如图4-1所示。

现有一个工业机器人电动机装配与入库工作站,本项目要求对工业机器人进行现场编程,实现物料的装配,然后对电动机成品进行视觉检测和称重。其中,应用视觉软件对工件模型进行学习训练是视觉检测应重点解决的问题。

项目4 工业机器人机器视觉

a) 电动机转子

b) 电动机定子

c) 电动机端盖

d) 电动机成品

图 4-1 电动机装配工件

相关知识

知识 4.1 机器视觉系统概述

1. 机器视觉系统的定义、作用和特点

有研究结果表明，视觉获得的感知信息占人对外界感知信息的 70%。人类视觉细胞的数量级是听觉细胞的 300 多倍，是皮肤感觉细胞的 100 多倍。

机器视觉系统利用机器代替人眼来作各种测量和判断。它是计算机学科的一个重要分支，综合了光学、机械、电子和计算机软硬件等方面的技术，涉及计算机、图像处理、模式识别、人工智能、信号处理、光机电一体化等多个领域。图像处理和模式识别等技术的快速发展也大大地推动了机器视觉的发展。

机器视觉系统主要利用机器视觉传感器获取环境的二维或者三维图像，并通过视觉处理器进行分析和解释，进而转换为符号，使机器人能够辨识物体，并引导机器人动作。其目标是使机器人具有感知周围世界的能力。

机器视觉的功能是模拟人的视觉，从客观事物的图像中提取信息，进行处理并加以分析，最终用于识别定位、实际检测、测量和控制，它可提供质量保证，进行过程监控以及提高产量，如图 4-2 所示。

图 4-2 机器视觉的功能

机器视觉系统可提高生产的柔性和自动化程度。在一些不适合人工作业的危险工作环境或人工视觉难以满足要求的场合，常用机器视觉来替代人工视觉；同时，在大批大量工业生产过程中，用人工视觉检查产品质量效率低且精度不高，用机器视觉检测方法可以大大提高生产效率和生产的自动化程度，如图4-3所示。机器视觉有利于实现信息集成，是实现计算机集成制造的基础技术。机器视觉系统的特点包括精度高、连续性和灵活性好等特点。

a) b)

图4-3 机器视觉代替人工视觉进行检测

2. 视觉传感器的组成

一个典型的工业机器视觉系统包括光源、镜头（如定焦镜头、变倍镜头、远心镜头和显微镜头）、相机（包括CCD相机和COMS相机）、图像处理单元（或图像采集卡）、图像处理软件、计算机（PC）、控制单元、传感器、监视器和通信/输入输出单元等，如图4-4所示。

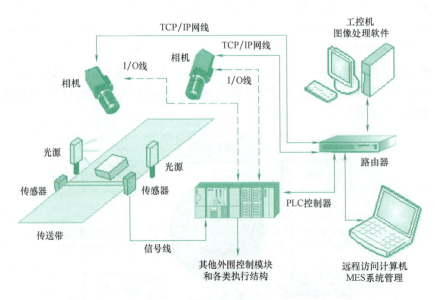

图4-4 机器视觉系统的组成

（1）光源　光源作为辅助成像器件，对成像质量的好坏往往能起到至关重要的作用，各种形状的LED灯、高频荧光灯和光纤卤素灯等都可以作为光源。

（2）工业相机与工业镜头　工业相机与工业镜头属于成像器件，通常的视觉系统都是由一套或者多套这样的成像系统组成的。如果有多路相机，可能由图像卡切换来获取图像数据，也可能由同步控制同时获取多相机通道的数据。根据应用的需要，相机可能是标准的单色视频（RS-170/CCIR）、复合信号（Y/C）和RGB信号，也可能是非标准的逐行扫描信号、线扫描信号和高分辨率信号等。

（3）图像采集卡　图形采集卡通常以插入卡的形式安装在PC中，图像采集卡的主要工作是把相机输出的图像输送给计算机主机。它将来自相机的模拟或数字信号转换成一定格式的图像数据流，同时它可以控制相机的一些参数，比如触发信号、曝光/积分时间、快门速度等。图像采集卡通常有不同的硬件结构以针对不同类型的相机，同时也有不同的总线形式，比如PCI、PCI64、Compact PCI、PC104及ISA等。

（4）图像处理软件　图像处理软件即机器视觉软件，用来完成输入的图像数据的处理，然后通过一定的运算得出结果，这个输出的结果可能是PASS/FAIL信号、坐标位置或字符串等。常见的机器视觉软件以C/C++图像库、ActiveX控件或图形式编程环境等形式出现，可以是专用功能的（比如仅仅用于LCD检测、BGA检测或模板对准等），也可以是通用目的的（包括定位、测量、条码/字符识别和斑点检测等）。

（5）计算机　计算机是PC式视觉系统的核心，在这里完成图像数据的处理和绝大部分的控制逻辑，对于检测类型的应用，通常都需要较高频率的CPU，以减少处理的时间。同时，为了减少工业现场电磁、振动、灰尘和温度等的干扰，必须选择工业级的计算机。

（6）控制单元　控制单元包含I/O、运动控制、电平转换单元等，一旦视觉软件完成图像分析（除非仅用于监控），就需要与外部单元进行通信，以完成对生产过程的控制。简单的控制可以直接利用部分图像采集卡自带的I/O，相对复杂的逻辑/运动控制则必须依靠附加可编程逻辑控制单元/运动控制卡来实现必要的动作。

（7）传感器　传感器通常以光纤开关、接近开关等形式出现，用于判断被测对象的位置和状态，告知图像传感器进行正确的采集。

3. 机器视觉系统的应用

机器视觉系统主要有图像识别、视觉定位、图像检测和物体测量四大基础应用，如图4-5所示。图像识别是利用机器视觉对图像进行处理、分析和理解，以识别各种不同模式的目标和对象。视觉定位要求机器视觉系统能够快速准确地找到被测零件并确认其位置。图

图4-5　机器视觉系统的四大基础应用

像检测是机器视觉最主要的应用之一,几乎所有产品都需要检测。机器视觉工业应用最大的特点是非接触测量,对物体进行测量可实现高精度、高速度,且无磨损,消除了接触测量可能造成的二次损伤隐患。

由于机器视觉系统可以快速获取大量信息,而且易于自动处理,也易于同设计信息和加工控制信息集成,是实现计算机集成制造的基础技术。因此,在现代自动化生产过程中,人们将机器视觉系统广泛地用于各行各业,如工况监视、成品检验和质量控制等领域,如图4-6所示。机器视觉系统可提高生产的柔性和自动化程度。用机器视觉检测方法可以大大提高生产效率和生产的自动化程度。随着机器视觉技术的不断成熟和发展,可以预计它将在未来制造企业中得到越来越广泛的应用。

图4-6 机器视觉的典型应用场景

知识4.2 机器视觉硬件系统

1. 机器视觉系统硬件的组成

本项目采用海康威视机器视觉系统,其硬件组成如图4-7所示,包括控制器、相机、镜头、环形光源、显示器以及支架等。机器视觉的安装需要通过模块安装、通信线连接、电源线连接和局域网连接等步骤完成。

2. 视觉模块的相机参数调节

将相机的USB插口连接至控制器,拿掉相机的镜头盖子(注意:需要将镜头盖子保存好,以防丢失),然后打开桌面的MVS软件,单击"连接"按钮,连接相机,如图4-8所

项目4 工业机器人机器视觉

a) 控制器　　　　　　　　b) 相机　　　　　　　　c) 镜头

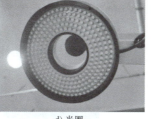 

d) 光圈　　　　　　　　e) 显示器

图 4-7　机器视觉系统硬件组成

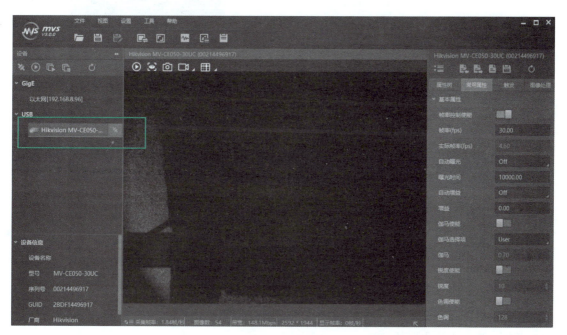

图 4-8　连接相机

示，对相机的参数进行设置。

成功连接相机后，单击界面上的"采集"按钮，可以对实时画面进行捕捉。在右侧的"常用属性"中，可以设置相机的帧率，设置适当的值，可使采集的画面更顺畅。"画面处理"按钮如图 4-9 所示。

从左至右每一个按钮的功能如下：

1）开始采集：单击该按钮，相机会实时采集外部图像，再次单击则关闭该功能。

2）停止预览：单击该按钮会立即停止图像输出，画面变成黑色。

图 4-9 "画面处理"按钮

3）抓拍图像：单击该按钮可以抓拍当前镜头下的图像，并可以保存。

录像：单击该按钮可以实现实时画面的录像功能，并可以进行文件保存。

显示十字辅助线：单击该按钮可以显示出十字辅助线，便于物料找准画面中心，再次单击则取消显示。

在"常用属性"中，可以对相机的参数进行设置，如图 4-10 所示。

基本属性：在"基本属性"选项区，可以调节相机的曝光率、帧数、增益、伽马使能等参数，如图 4-11 所示。当画面很暗时，除了可以调整光源的强度，还可以通过增大曝光率来调整画面的亮度。当处于很黑暗的环境中时，可以打开伽马使能功能，这样便可以清晰地看到相机下的图像。

图 4-10 "常用属性"窗口

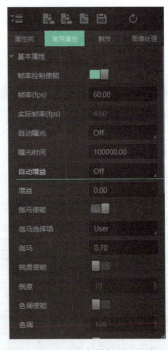

图 4-11 "基本属性"选项区

水印信息：在"水印信息"选项区，可以选择图 4-12 所示的功能，在捕捉图像时便可以在图像上显示出该水印的信息。

触发方式的选择：使用相机时，需要设置该相机的触发方式，有采集触发和外部 I/O 触发两种方式。如图 4-13 所示，当触发模式为 Off 时，为手动软件触发；当触发模式为 ON，触发源为 LINE 0 时，为外部信号触发，此时手动软件无法触发，如需触发必须将触发模式改为 Off。

3. 机器视觉 I/O 连接

海康威视机器视觉系统的信号传输主要是通过相机控制器、光源、机器人和 PLC 等外围设备实现的。图 4-14 和图 4-15 分别是相机控制器的正面和背面。其主要接口包括 USB 口、千兆网口、光源接口、HDMI 接口、设备重启开关、I/O 接口、RS-232 接口、RS-485 接口以及电源接口等。

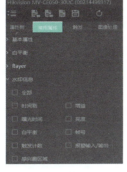

图 4-12　"水印信息"选项区

图 4-13　"触发模式"选项区

图 4-14　相机控制器正面图

图 4-15　相机控制器背面图

机器视觉 I/O 接口主要有 11 个管脚，各个管脚的定义见表 4-1，主要包括 4 个输入信号、4 个输出信号、1 个输入地、1 个输出地以及输出电源正。

表 4-1　机器视觉 I/O 接口

管脚编号	信号名称	说　　明
1	DI1	输入 1
2	DI2	输入 2
3	DI3	输入 3
4	DI4	输入 4
G	IN_GND	输入地
1	DO1	输出 1
2	DO2	输出 2
3	DO3	输出 3
4	DO4	输出 4
C	COMMON	输出电源正
G	OUT_GND	输出地

机器视觉 I/O 接口以 PNP 型输入为例，其接线如图 4-16 所示，以光耦输出作为信号的外部接线如图 4-17 所示。

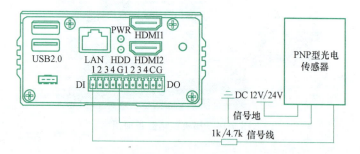

图 4-16　PNP 型输入接线图

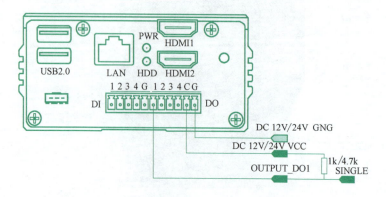

图 4-17　以光耦输出作为信号的外部接线

项目 4　工业机器人机器视觉

知识 4.3　机器视觉软件系统

1. 机器视觉软件的编程环境

本项目的机器视觉软件采用海康威视的 VisionMaster 软件，如图 4-18 所示。其编程环境封装了千余种海康自主开发的图像处理算子，形成了强大的视觉分析工具库，无需编程，通过简单灵活的配置，便可快速构建机器视觉应用系统。该软件平台功能丰富、性能稳定可靠，用户操作界面友好，能够满足视觉定位、测量、检测和识别等应用需求。

a)　　　　　　　　　　　　　　　　　　　b)

图 4-18　机器视觉的编程软件

VisionMaster 算法平台旨在快速解决机器视觉问题，如有无/正反检测、颜色/位置判断、定位、2D 尺寸测量、ID 识别及字符识别等，如图 4-19 所示。

图 4-19　VisionMaster 算法平台功能

2. VisionMaster 机器视觉软件界面简介

VisionMaster 软件启动后，主界面如图 4-20 所示，其中区域分别代表菜单栏、操作按钮、工具栏、流程编辑区域、图像显示、结果显示区域以及状态显示栏。

软件的菜单栏提供了算法平台软件的文件、运行、系统、账户和帮助；

操作按钮，即快捷工具栏，使用工具条中相关操作按钮，能快速、方便进行相应的操作；

工具区主要包含常用工具、采集、定位、测量、识别、深度学习、标定、图像处理、颜

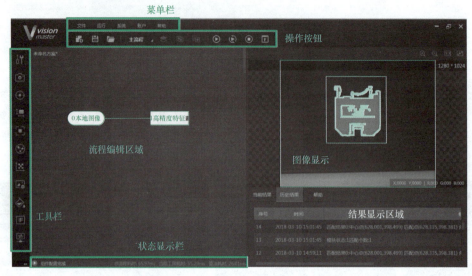

图 4-20 VisionMaster 机器视觉软件主界面

色处理、逻辑工具和通信等工具；

主界面显示结果包含三个页面，分别为当前结果、历史结果、帮助。

3. VisionMaster 机器视觉的编程方法与应用

VisionMaster 机器视觉处理功能模块包含视觉处理工具集合，对算法进行模块化封装，方便用户使用。视觉处理功能包含定位、测量、识别、标定、图像处理、颜色处理、逻辑工具和通信等工具组。

编程方法及步骤以特征匹配为例，特征匹配分为高精度特征匹配和快速特征匹配。此工具使用图像的边缘特征作为模板，按照预设的参数确定搜索空间，在图像中搜索与模板相似的目标，可用于定位、计数和判断有无等。高精度特征匹配精度高，运行速度比快速匹配慢些。通过模板图像的几何特征学习模型，对目标图像进行查找匹配，操作步骤如下：

1）搭建特征匹配查找流程。特征匹配查找的使用流程如图 4-21 所示。将特征匹配模块

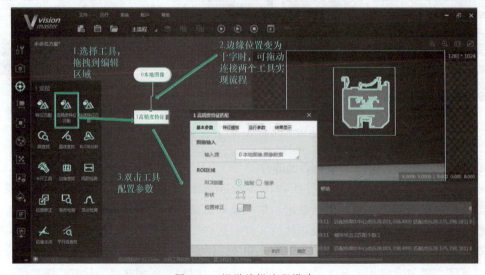

图 4-21 视觉编辑流程搭建

拖入操作区，使用操作线将图像源和特征匹配生成连接，然后选中特征匹配，单击鼠标右键，在快捷菜单中选中"输入配置"进行配置输入。

2）模型训练。双击特征匹配模块，进入特征匹配参数配置界面。初次使用时需要编辑模板，单击"特征模板"，单击"创建"进入模板配置界面。选中需要编辑的模板区域，单击训练模型，然后单击"确认"即可。

3）模板匹配。生成相应模板后，模板匹配工具还要根据需要去设置参数，以搜寻到所需要的模板，如图 4-22 所示。还可以增加候选模板，第一个模板搜索失败后，可以启用候选模板。窗口下方更多的高级参数如图 4-23 所示。

图 4-22　特征匹配查找结果　　　　图 4-23　查看高级参数

4）结果显示。特征匹配结果判断常用的参数变量有数量判断、角度判断和尺度判断，高级的参数变量为 X/Y 尺度判断、分数判断、匹配点 X/Y 判断以及中心点 X/Y 判断，可根据所需要的结果设置判断参数变量的范围。图像显示可以调节检测区域、匹配结果、匹配点和匹配轮廓点等的显示与否，还可以编辑显示位置和颜色，如图 4-24 所示。

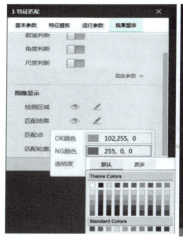
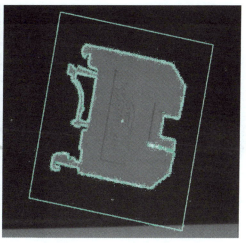

图 4-24　结果显示

项目实施

任务 4.1 电动机模块检测实训

一、实训目的

1. 掌握机器视觉的工作原理。
2. 掌握机器视觉与 PLC 的 I/O 连接方法。
3. 掌握机器视觉模块的环境配置及光源调试方法。
4. 掌握机器视觉的特征匹配。

二、任务准备

实施本任务教学所使用的实训设备及工具见表 4-2。

表 4-2 实训设备及工具

序 号	工 具
1	工业机器人应用编程标准实训平台
2	FANUC 机器人 LR Mate 200iD/4S
3	视觉模块及称重模块
4	一个鼠标或者一台计算机

将视觉及称重模块（图 4-25）从设备的抽屉中拿出，再将视觉控制器安装在桌面的合适位置，然后将显示器和视觉控制器的电源插入电源插座，信号线使用配备的对接插头一头连接至模块上的绿色端子排，另一头连接至桌面的绿色端子排，并根据工业相机接口，安装好工业相机，如图 4-26 所示。

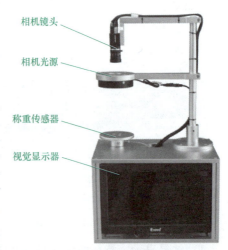

图 4-25 视觉及称重模块

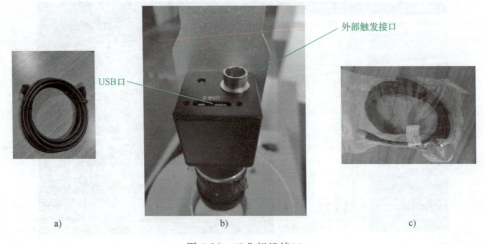

图 4-26 工业相机接口

三、视觉模块涉及的外部控制和反馈 I/O 点位

I/O 点位信号功能见表 4-3。

表 4-3　I/O 点位信号功能

信　号	信号功能	信　号	信号功能
DI[242]	检测反馈信号 1	DI[244]	检测反馈信号 3
DI[243]	检测反馈信号 2	DI[245]	检测反馈信号 4

四、视觉模块环境配置

视觉模块环境配置主要包括以下 3 个步骤：

1）使用模块上已有的显示屏，通过外接一个鼠标进行对视觉的控制和编程。将准备好的鼠标插入视觉控制器的 USB 接口上，按下触摸屏的开机键打开触摸屏，模式选择为 PC，如图 4-27 所示，系统会显示控制器界面。直接使用鼠标便可以对视觉的光源和相机进行控制，打开编程软件 VisionMaster 便可以进行逻辑编程。注意：控制器需要插入加密狗才可使用，应保管好加密狗（图 4-28）。

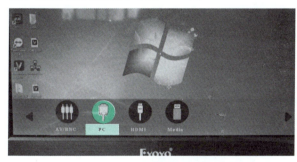

图 4-27　计算机模式选择

图 4-28　视觉软件加密狗

2）将准备好的计算机和视觉控制器进行网线连接，在计算机上使用远程桌面连接功能，远程连接该控制器界面。连接时，计算机名称输入"VisionBox"。需要注意的是，大小写不可输入错误，用户名输入"administrator"密码输入"Operation666"，即可进行连接，此时便可以直接使用计算机进行视觉控制。

3）网络配置。在网线正确连接后，打开网络与共享中心，更改适配器选项，更改本地连接的属性，双击"Internet 协议版本 4"进行 IP 地址设置，将网址设置在同一个网关下，如这里将机器人、PLC 的网关设置为 192.168.8.8。

五、视觉模块的光源调试

触发设置：打开海康威视 MVS 软件，连接相机，触发设置为 Off，断开相机。

打开光源控制器"VisionController"，将该应用程序打开，如图 4-29 所示。串口号选择 COM2，然后单击"打开串口"按钮，下方的光源控制区便会高亮显示，此时可以对光源进行模式选择和亮度调节，具体调节的亮度根据实际情况进行选择，然后单击"应用"按钮即可。

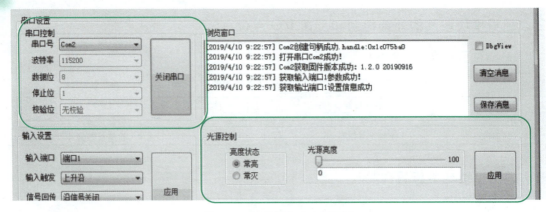

图 4-29　视觉模块的光源调试

六、电动机模块的视觉特征匹配检测

在控制器上插上白色 U 盘（加密狗）后，打开 VisionMaster 软件，该软件可以安装在任意计算机上，相机软件也可以安装在任意计算机上，相机也可以直接通过 USB 插口连接至计算机。

配置好相机参数后，保存数据并断开相机连接，回到 VisionMaster 软件中进行项目的创建。电动机模块视觉特征匹配检测编程流程如图 4-30 所示，创建项目的主要步骤包括选择相机图像、颜色转换、快速特征匹配、条件检测以及发送数据。

图 4-30　电动机模块视觉特征匹配检测编程流程图

电动机模块视觉特征匹配检测的操作步骤见表 4-4。

运行该特征匹配，可以看到当前的匹配分数。当分数大于设置值时，便可以进行输出，匹配的分数值可以在特征匹配里进行设置，此时便可以进行模型的特征匹配，判断电动机的装配是否正确，如图 4-31 所示。

表 4-4　电动机模块视觉特征匹配检测的操作步骤

操作步骤	操作说明	示　意　图
1	打开 VisionMaster 3.2.0 软件	
2	选择"通用方案"	
3	添加"相机图像",选择相机连接,选择 Hikvision 相机,触发设置为"SOFTWARE"	
4	添加"颜色转换",与"相机图像"相连,转换类型设置为"RGB 转灰度"	

（续）

操作步骤	操作说明	示意图
5	添加"快速特征匹配"，并与"颜色转换"模块相连，创建特征模板，并进行参数设置	
6	为"快速特征匹配"创建模板，用方形选框框选电动机，生成模板，通过粗糙尺度、对比度阈值等参数修正线条	
7	添加"条件检测"，与"快速特征匹配"相连接，创建1个float，设置条件和有效值范围	

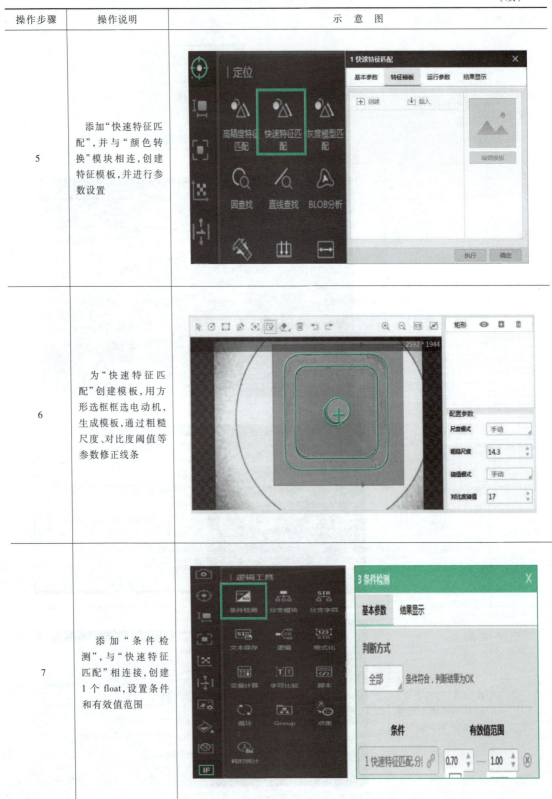

（续）

操作步骤	操作说明	示 意 图
8	添加"发送数据"并与"条件检测"模块相连	
9	单击任务栏上方"通信管理",在"设备列表"中点击"+",增加通信协议	
10	新建 TCP 客户端,添加一个"TCP 客户端"协议,并按照右图中进行设置,其中协议类型为"TCP 客户端",设备名称为"TCP_0",目标端口为"502",目标 IP 为"192.168.8.1"。最后单击"创建"按钮	

(续)

操作步骤	操作说明	示意图
11	添加一个"Modbus"协议,并按照右图中进行设置,其中协议类型为"Modbus",设备名称为"Modbus_0",通信设备为"TCP_0",超时时间选择默认值"50"。最后单击"创建"按钮	
12	右键点击"Modbus_0"设备,选择"添加地址"	
13	添加一个"Modbus协议地址",并按照右图中进行设置,其中设备名称为"Address_0",功能码为"0x10:写多个寄存器",主从模式为"主机",协议选择为"RTU",设备地址为"2",寄存器地址为"0",寄存器个数为"4"。最后单击"创建"按钮,并关闭通信管理界面	

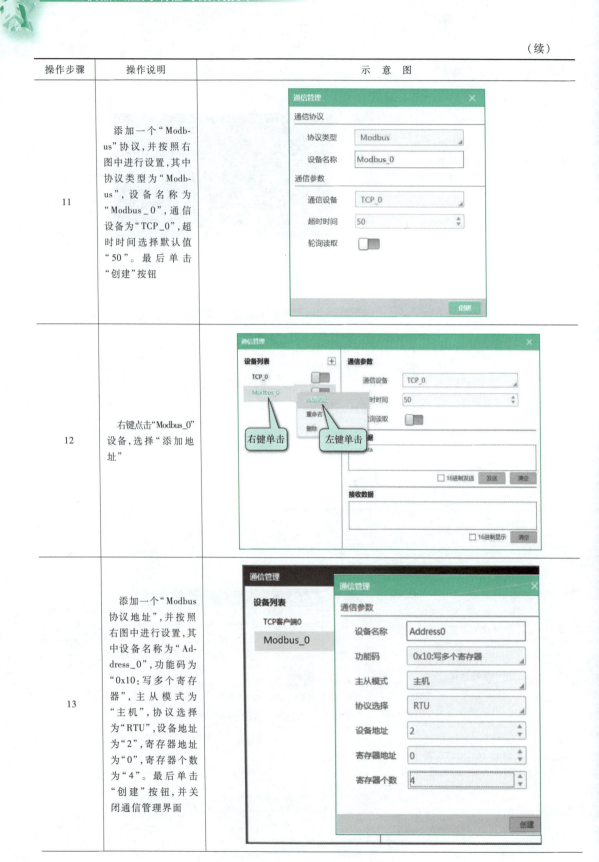

项目4 工业机器人机器视觉

（续）

操作步骤	操作说明	示意图
14	双击鼠标进入"发送数据"模块，设置"发送数据"模块参数	

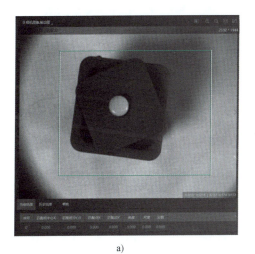
a)

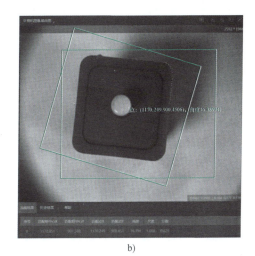
b)

图 4-31 电动机的错误装配和正确装配

任务 4.2 称重模块实训

一、实训目的

1. 掌握称重模块的工作原理。
2. 掌握称重模块的使用方法。
3. 会编写称重模块模拟量转化程序。

二、任务准备

实施本任务教学所使用的实训设备及工具见表 4-2。

三、称重模块涉及的外部点位

称重模块涉及的外部信号主要有 PLC 聚集信号和一个字节的机器人组信号，具体 I/O 点位信号功能见表 4-5。

表 4-5 I/O 点位信号功能

信号	信号功能
IW64	PLC 采集信号
GI[7] 97-112	机器人组信号（一个字节）

四、称重模块的使用方法

称重模块与视觉模块集成在一个大的模块上，在实训时可以同时使用，也可以自己选择性使用。称重模块采用模拟量采集电压信号，通过 PLC 转化为重量单位 kg，总量程为 0~5kg。在使用时，将模块上的绿色端子排使用配套连接线缆对接起来，在触摸屏上将显示出当前的重量。称重模块在使用前需要进行调零操作，调零在如图 4-32 所示的变送器上，使用螺钉旋具来旋转旋钮，可以看到 PLC 上的读数的变化。当 PLC 上的读数为 0.00 时或者上下变差 0.05 都为正常零点。

图 4-32 称重传感器零点标定

五、模拟量转化示例程序

将模块安装至桌面上的合适位置并连接好通信线。将视觉及称重模块的电源线和显示屏电源线插入 220V 电源。调节视觉及称重模块的参数，再进行逻辑编程。图 4-33 所示为称重模块模拟量转换程序。注意：使用称重传感器时需要调零。

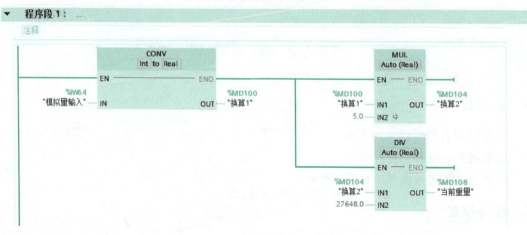

图 4-33 称重模块模拟量转换程序

项目评价

项目测评表

考核点	主要内容	技术要求	分值	评分记录
1	认识工业机器人机器视觉及称重模块	1. 工业机器人视觉及称重模块 2. 工业机器人机器视觉硬件系统 3. 工业机器人机器视觉软件系统	20	
2	工业机器人电动机模块的缺陷检测	1. 视觉模块环境配置 2. 视觉模块的光源调试 3. 电动机模块的视觉特征匹配检测	50	
3	工业机器人称重模块实训	1. 称重模块涉及的外部点位 2. 称重模块的使用方法 3. 模拟量转化程序的编写	20	
4	综合职业素养	1. 工位保持清洁,物品整齐 2. 着装规范整洁,佩戴安全帽 3. 操作规范,爱护设备 4. 遵守 6S 管理规范 5. 精益求精、勇于创新的工匠精神	10	

项目反馈

项目学习情况:

心得与反思:

项目拓展

1. 按照智能检测与入库工作站模块布局图完成布局和安装

现有一台工业机器人智能检测和入库工作站。工作站由 FANUC 工业机器人、井式供料模块、传送带运输模块、快换工具模块、仓储模块、视觉称重检测模块和焊接模块组成,物料检测与入库工作站各模块布局如图 4-34 所示。关节坐标系下的工业机器人工作原点位置为 (0°, 0°, 0°, 0°, -90°, 0°)。

工作站所用的机器人末端工具如图 4-35 所示。

机器人弧口手爪放置位置如图 4-36 所示。

2. 工业机器人黑白物料模块的颜色检测

工业机器人智能检测与入库工作站有两种物料,如图 4-37 所示:

这里通过人工抓取物料进行工件学习训练。打开视觉软件,连接相机,将需要检测的工件以正确角度摆放在视觉检测平台。用相机拍照,利用视觉软件的相关工具训练学习工件,获取工件信息。

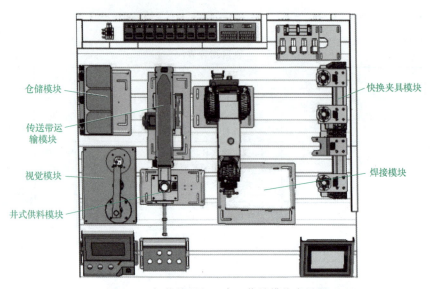

图 4-34 智能检测与入库工作站模块布局图

图 4-35 工业机器人末端工具

图 4-36 弧口手爪工具

3. 工业机器人黑白物料模块的称重检测

由人工抓取物料并用相机完成拍照后，称重模块进行重量检测，编写称重模块程序，并使重量数据在 HMI 上正确显示。

4. 思考与问答

1）在不使用光源时，使用相机的曝光是否可以达到替换的目的？

2）快速特征匹配和高精度特征匹配的区别是什么？

3）使用称重传感器的增益旋钮调整增益的目的是什么？

图 4-37 物料种类

项目5 工业机器人工作站应用编程及集成

项目目标

知识目标

1. 掌握 FANUC 机器人与 S7-200 的通信编程，掌握 IP 地址及 Modbus 协议，熟悉 IP 地址配置和 Modbus TCP 配置。
2. 掌握多工位旋转模块、变位机模块、运输模块、传送带运输模块和 RFID 模块的工作原理及应用。
3. 掌握工业机器人周边系统组态、PLC 编程，并进行 I/O 配置和程序设计。
4. 掌握机器人工作站的集成应用及编程方法。

技能目标

1. 会配置 IP 地址及 Modbus TCP 通信设置。
2. 会灵活应用机器人的 FOR 循环、IF 判断、I/O 及程序调用等指令。
3. 会熟练应用多功能旋转模块、变位机模块、传送带模块以及 RFID 模块。
4. 能完成电动机装配工作站的集成及应用编程。
5. 能完成传送带视觉分拣流水线的集成及应用编程。

素养目标

1. 挑战多样化的机器人系统应用，培养学生精雕细琢、精益求精、协同创新的工匠精神。
2. 树立为人民服务的思想，鼓励学生协同合作，多参与实训室清洁、维护保养活动，将 6S 管理融入课堂。
3. 倡导尊崇工匠精神的社会风尚，为弘扬工匠精神营造良好的氛围。

1+X 证书技能映射

工业机器人应用编程证书技能要求（中级）	
2.1.1	能够根据工作任务要求,利用扩展的数字量 I/O 信号对供料、输送等典型单元进行机器人应用编程
2.1.2	能够根据工作任务要求,利用扩展的模拟量信号对输送、检测等典型单元进行机器人应用编程
2.1.3	能够根据工作任务要求,通过组信号与 PLC 实现通信
2.3.1	能够根据工作任务要求,编制工业机器人与 PLC 等外部控制系统的应用程序
2.3.3	能够根据产品定制及追溯要求,编制 RFID 应用程序
2.3.4	能够根据工作任务要求,编制基于工业机器人的智能仓储应用程序
2.3.5	能够根据工作任务要求,编制工业机器人单元人机界面程序
2.4.1	能够根据工作任务要求,编制工业机器人焊接、打磨、喷涂和雕刻等应用程序
2.4.2	能够根据工作任务要求,编制多种工艺流程组成的工业机器人系统的综合应用程序
2.4.3	能够根据工艺流程调整要求及程序运行结果,对多工艺流程的工业机器人系统的综合应用程序进行调整和优化

项目描述

工业机器人应用编程及集成是工业机器人应用编程人员的必备技能。本项目通过电动机装配应用编程及集成实训和传送带视觉分拣流水线实训 2 个任务，介绍了 FANUC 机器人与 S7-200 通信编程、多功位旋转供料模块应用、变位机模块应用、传送带运输模块及 RFID 模块应用，旨在培养学生精雕细琢、精益求精、勇于创新的工匠精神。

相关知识

知识 5.1　FANUC 机器人与 S7-1200 通信编程

工业机器人应用编程实训平台需要将 PLC 与工业机器人进行通信，即工业机器人可以将数据包发送到 PLC，PLC 也可以将数据包发送给工业机器人，实现数据的传输和通信。故需要对 FANUC 机器人与 S7-1200 通信进行设置。

1. 工作站 IP 地址配置

1）在示教器上按下"MENU"（菜单），选择"6"设置，单击主机通信，显示如图 5-1 所示的界面。

2）选择"TCP/IP"，按下 F3"详细"，出现如图 5-2 所示的界面。

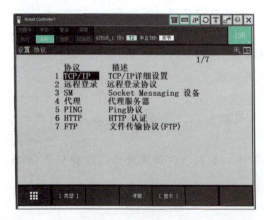

图 5-1　主机通信界面

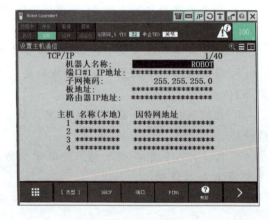

图 5-2　TCP/IP 界面

3）在此界面修改 IP 地址为 192.168.8.99，子网掩码为 255.255.255.0。

2. 机器人侧设置 Modbus TCP 站点

在机器人侧设置一个 Modbus TCP 从站，具体步骤如下：

1）按下菜单按钮，选择"I/O"。

2）按 F1，单击"TYPE"，然后选择"Modbus TCP"，系统显示如图 5-3 所示的界面。

3）按照表 5-1 提示的内容，填写 Modbus TCP 从站界面中的各项内容，如图 5-4 所示。

4）把控制器重启，使修改生效。

3. PLC 侧设置 Modbus TCP 站点

在 PLC 侧设置一个 Modbus TCP，当机器人侧 Modbus TCP 屏幕上的连接数量设置为 1

项目5 工业机器人工作站应用编程及集成

表 5-1 Modbus TCP 从站具体设定含义

字段名	描 述
从控设备状态	从属状态字段包含运行或空闲，运行表示 I/O 正在与 Modbus TCP 主机进行交换，而空闲表示 I/O 当前没有被交换
连接的数量	表示一个用户能够指定的同时与从控设备连接的 Modbus TCP 连接数量。该参数可以设置为 0~4，0 表示将机器人 Modbus 从控设备完全设置为无效，4 是连接数量的最大值
超时（0=无）	用于定义处于闲置状态的 Modbus TCP 的连接持续时间（单位为 ms）。如果在设定的超时时间内没有接收到来自主机的应答，从控设备将会假设网络连接失败或者终止，并且关闭该连接，发出超时报警。0 表示将超时设置为无效
报警严重程度	用于定义 Modbus TCP 报警的严重程度。用户可以按 F4（选择）键将此项目设置为停止、警告或者暂停
超时状态下保持输入	用于设置超时状态下有关输入的处理。当此项目设置为无效（不保持时），如果发生超时错误，所有 Modbus 的输入将被设置为 0，否则将其设置为原状态
输入字数	用于指定分配给数字输入的字节数。在此背景下，每一个字节将由 16 位组成，所以 4 个字节将有 64 位数字输入点分配给机架 96，插槽 1。连接在从控设备上的所有主机装置将访问此输入数据
输出字数	用于指定分配给数字输出的字节数。在此背景下，每一个字节将由 16 位组成，所以 4 个字节将由 64 位数字输出点分配给机架 96，插槽 1。连接在从控设备上的所有主机装置将访问此数字输出数据

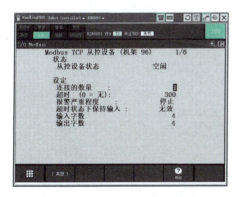

图 5-3 Modbus TCP 从站界面

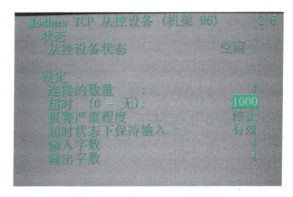

图 5-4 Modbus TCP 从站设置

或更大时，机器人将准备接受 Modbus TCP 客户端连接。配置 S7-1200 PLC 过程如下：

1）新建 PLC 项目，添加 CPU 模块，将 IP 地址设置为与机器人同一网段。本例中将机器人 IP 地址为 192.168.8.99，如图 5-5 所示。

2）在程序列表中新建"数据块"，并在数据块内创建名为"connect"、类型为"TCON_IP_v4"的变量，如图 5-6 所示，展开变量修改初始值（注意：类型 TCON_IP_v4 需要手动输入）。

connect 变量中每一项含义如下：

① InterfaceId：CPU 的硬件标示符，默认值为 64（十进制）。

② ID：连接 ID，和所要连接的服务器 ID 一致（指令"MB_CLIENT"的每个实例都必须使用唯一的 ID）。

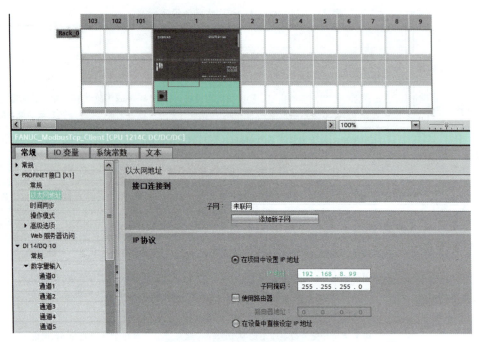

图 5-5 Modbus TCP 地址设置

图 5-6 数据块初始值设置

③ ConnectionType：连接类型，默认值 16#0B 就是 Modbus TCP 的意思。

④ ActiveEstablished：是否主动建立连接（服务器"0"不主动，客户机"1"主动）。

⑤ RemoteAddress：客户机连接的服务器 IP 地址。注意：16#格式的或者直接填写十进制数值（如 16#C0.16#A8.16#08.16#01 和 192.168.8.1）是一样的。

⑥ RemotePort：远程连接伙伴的端口号（取值范围为 1～49151），是使用客户端通过 TCP/IP 协议与其建立连接并最终通信的服务器的 IP 端口号（默认值为 502）。

⑦ LocalPort：本地连接伙伴的端口号（取值范围为 1～49151）。如果是任意端口，应将"0"用作端口号。

3）打开 Main 程序，创建 PLC 程序，编写读块和写块的背景数据块程序，并下载程序进行监控测试。

知识 5.2 多工位旋转供料模块应用

多工位旋转供料模块：由旋转供料机、旋转台和固定底板等组成，图 5-7 所示为实物图。驱动电动机模块适配外围控制器套件和标准电气接口套件。机器人通过 I/O 和以太网与 PLC 进行信息交互，PLC 最终根据机器人的命令将料盘旋转到指定工位。学生应掌握步进控制系统在工业机器人中的应用和控制方法，在使用时，多工位旋转供料单元上的四个工位为电动机装配实例中转子放置的工位，其驱动电动机的信号点位通过驱动线与 PLC 建立连接。

图 5-7 多工位旋转供料模块

知识 5.3 变位机模块应用

变位机模块配合电动机装配套件使用，可以将电动机放置在变位机的夹紧气缸上进行固定定位，再进行电动机的装配，如图 5-8 所示。在使用前，需要将模块安装在合适位置，并连接伺服电动机的电源线和编码器线，再将绿色端子排与设备上的端子排使用配套线缆连接起来。在使用变位机时特别要注意的是，初次上电必须使用手动旋转变位机至原点位置，在进行寻原点操作，不可直接进行寻原点操作；要防止缠绕管和信号线多次旋绕而导致折断，必须先手动使用触摸屏将变位机旋转至原点附近，出现问题立即点触摸屏上的停止按钮或者拍下急停按钮。使用 PLC 进行轴配置时，调试速度一定要放到最低，确保运行没有问题时，再将速度调节至合适位置并进行轴的配置。

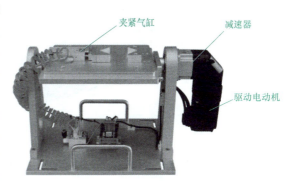

图 5-8 变位机模块

知识 5.4 传送带运输模块

输送机上安装有光电传感器和阻挡装置，用于检测与阻挡工件到位。调速电动机驱动传送带，运输多种不同的零件（如圆形、矩形），传送带有启停和调速功能。模块适配标准电气接口套件和轨迹跟随套件,工业机器人通过数字量和模拟量对传送带进行启停和调速控制,配合轨迹跟随套件完成对样件的跟随抓取。使用时,将该模块安装在桌面的合适位置,配合圆形供料或者矩形供料使用。将驱动器的电源插在摄像头旁边的重载插头上,将绿色端子排连接至设备的另一端,通过面板式调速器设置好电动机的参数即可。图 5-9 所示为传送带运输模块实物图。

图 5-9 传送带运输模块实物图

知识 5.5 RFID 模块应用

无线射频识别即射频识别技术（Radio Frequency Identification, RFID）, 是自动识别技术的一种。它通过无线射频方式进行非接触双向数据通信, 利用无线射频方式对记录媒体（或射频卡）进行读写, 从而达到识别目标和数据交换的目的。

RFID 技术具有如下几个特点:①抗干扰性强;②数据容量庞大;③可以动态修改; ④使用寿命长;⑤防冲突;⑥安全性高;⑦识别速度快。

RFID 单元主要为各模块中带载码体的物料进行数据的读写。RFID 单元总装实物和底部带有 RFID 芯片的定子如图 5-10 所示。

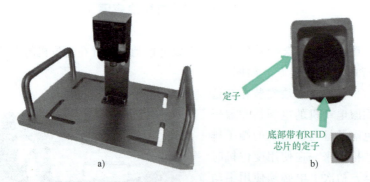

图 5-10 RFID 单元总装实物和底部带有 RFID 芯片的定子

(1) 命令格式　RFID 指令发送/接收命令格式如下:

0	1	2	3	4	5...79	(5..)80	(6..)81
SYNC	ADB	ADB	CC	CI	User Data	CRC-16	CRC-16

1) SYNC：命令同步字段, 1 byte (0xAA)。

2) ADB：数据长度, 以 byte 为单位, 包括 2 byte CRC 校验码。

3) CC：命令代码, 1 byte。

4) CI：Command Index, 主要在返回数据时用来分析当前状态, 1 byte User。

5) Data：最长可操作 64 byte User Memory 用户数据。

6) CRC-16：CRC 校验码, 2 byte。

(2) RFID 程序实例的编写

1）组态 PLC 并添加串口模块，如图 5-11 所示。

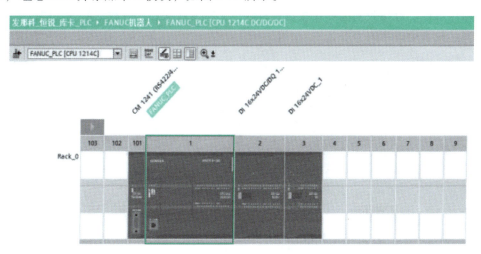

图 5-11 添加 PLC 串口模块

2）设置串口模块参数，即对应 RFID 参数。具体参数为：波特率，115200；校验位，无校验；数据位；8 位；停止位，1 位。

3）创建一个数据块和一个功能块，数据块用来存放发送和接收的数据，功能块用来编写相关程序，如图 5-12 所示。

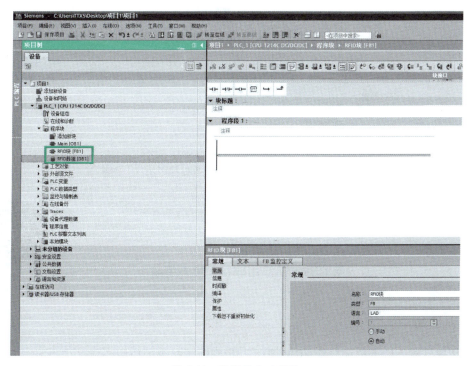

图 5-12 数据块和功能块

4）创建相应数组，用来存放要发送的命令和接收到的反馈数据。

5）创建发送数据和接收数据程序块，如图 5-13 所示，并下载到 PLC 中，通过触发

M0.0 信号进行数据的发送和接收。在线模式下单击数据块按钮,进行数据的监控,也可对比上述命令解读。对接收到的反馈数据进行解读。写入数据和接收数据的方法同设置参数的方法相同,只是更改写入命令。

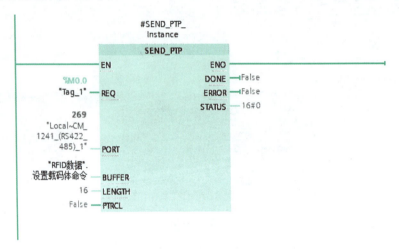

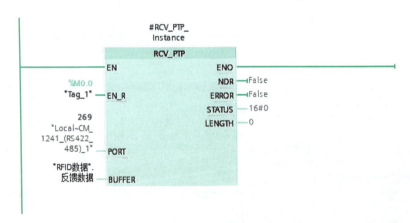

图 5-13 发送数据和接收数据程序块

项目实施

任务 5.1 电动机装配应用编程及集成实训

一、实训目的

1. 掌握机器人的点位示教及 FOR 循环、IF 判断等指令的应用。
2. 掌握机器人的 I/O 指令及地址配置方法。
3. 掌握机器人的周边系统组态编程及 PLC 编程。
4. 掌握机器人程序的调用指令,能进行电动机装配工作站的应用编程及集成。

二、任务准备

实施本任务教学所使用的实训设备及工具见5-2。

表5-2 实训设备及工具

序 号	工 具
1	工业机器人应用编程标准实训平台
2	PANUC机器人 LR Mate 200iD/4S
3	转盘模块、电动机搬运模块、RFID模块、仓储模块和变位机模块
4	3套电动机夹具

电动机装配工作站包含6轴工业机器人、变位机模块、三套夹具、旋转供料模块、电动机装配模块、RFID模块和仓储模块等。这些模块可快速拆卸组合和更换其他模块,亦能达到装配训练的目的,根据训练任务的不同可单独使用,也可自由组合使用。这里选用的电动机装配模块、RFID检测模块以及仓储模块。如图5-14所示,将模块在桌面上合适的位置安装好,将3个手爪分别放入1、3、4号夹具库位内。

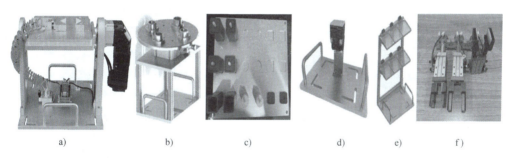

图5-14 电动机装配工作站模块

三、工作站桌面布局及安装

工作站桌面布局如图5-15所示,也可以根据自己的想法进行不同的桌面布局,模块不变,其编程原理不变。电动机搬运模块布局以及电动机成品入库位置如图5-16、图5-17所示。最后根据布局进行机器人的程序编写。

四、相关指令及其I/O点位

1)线性运动指令:线性运动指令用于将TCP沿直线移动至给定目标点。当TCP保持固定时,该指令亦可用于调整工具方位。

2)关节运动指令:当机器人无须沿直线运动时,关节运动指令用于将机械臂迅速地从一点移动至另一点,机械臂和外部轴沿非线性路径运动至目标位置。所有轴均同时到达目标位置。

3)圆弧运动指令:圆弧运动指令用于圆弧运动,需要示教2个点位:圆弧的中间点以及终点。RO[1]=ON/OFF:用于置位和复位机器人快换夹具信号。

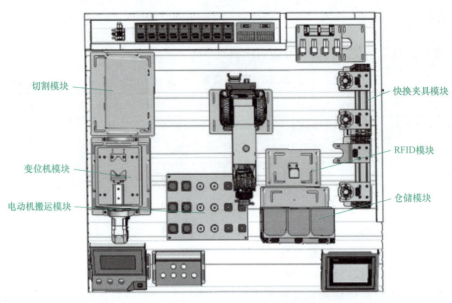

图 5-15 电动机装配工作站桌面布局

图 5-16 电动机搬运模块布局图

图 5-17 电动机成品入库位置

DO［115］=ON/OFF：用于置位和复位机器人数字 I/O 信号。

CALL：机器人程序调用指令。

WAIT：等待指令，可等待时间，也可等待信号。

IF：判断指令。

本任务中的 I/O 点位信号功能见表 5-3。

表 5-3 I/O 点位信号功能

信 号	信号功能
DI164	变位机到达 1 号位置（水平位置夹紧电动机位置）
DI165	变位机到达 2 号位置（靠机器人侧装配转子位置）
DI166	变位机到达 3 号位置
DO164	变位机去 1 号位置

（续）

信　　号	信号功能
DO165	变位机去 2 号位置
DO166	变位机去 3 号位置
DO162	变位机回原点
DO241	装配气缸推紧
DI241	装配气缸后限位
RO[1]	机器人快换夹具信号
RO[3]	机器人手爪夹具信号
GI5 = 1	RFID 数据为 1
GI5 = 2	RFID 数据为 2
GI5 = 3	RFID 数据为 3
GI5 = 4	RFID 数据为 4
DO152	转盘到位信号清除
DO137	转盘启动信号
DO194	RFID 启动信号

电动机装配工作站桌面布局如图 5-15 所示，对机器人的电动机装配轨迹进行规划，并绘制出机器人运行轨迹图。

五、示教要求及机器人程序的编写

1. 示教要求

1）在进行电动机搬运轨迹示教时，针对定子、转子和端盖必须切换工具。

2）工业机器人运行轨迹要平缓流畅。

3）因该工作站涉及的目标点较多，可分解为多个子程序，每个子程序包含一个独立的目标点程序，在主程序中调用不同图案的子程序即可。各个程序结构清晰，利于查看、修改。本项目将设置一个主程序和若干子程序。

2. 设计机器人程序流程图

根据机器人控制功能设计机器人程序流程图，如图 5-18 所示。其动作包括系统初始化、机器人取夹具、进行电动机装配、放夹具、机器人归位以及动作结束。

图 5-18　机器人程序流程图

3. 机器人周边系统组态编程及 PLC 编程

（1）组态编程　打开博图软件，对 PLC、HMI 和 RFID 进行组态及编程。单击"HMI"→"画面"→"添加新画面"，如图 5-19 所示，通过绘制文本框、指示灯、按钮和输入框等设置 HMI 控制界面，并配置相关变量，正确显示立体库仓位信息、RFID 写入、读取信息，如图 5-20 所示。同时，将电动机定子物料正确放置到 RFID 读写头上，对工件进行数据写入训练，将电动机写入数字 2 对应库位 2。

图 5-19　添加新画面

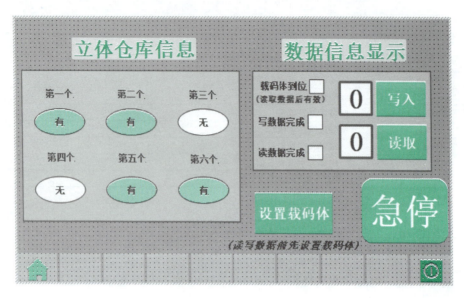

图 5-20　HMI 控制界面

（2）PLC 编程　打开 PLC 软件，根据 PLC、HMI 和变位机组态情况编写 PLC 程序，建立机器人与 PLC、RFID 模块、变位机模块、立体库仓位信息的通信，编写变位机组态对应的模块程序。在 HMI 控制界面中正确显示物料对应仓库数据、仓位信息及 RFID 读写的数据信息。

PLC 编程步骤如下：

1）打开软件，单击项目视图，如图 5-21 所示。

图 5-21　PLC 打开项目视图

2）打开 PLC 编程界面 Main，如图 5-22 所示，根据电动机的装配情况，将编辑好的程序块拖入到程序段中。本案例包含 11 个 Main 后缀程序，包括 FANUC_ModbusTcp、FANUC 程序自动运行、系统控制、仓储快换、转盘、变位机、RFID、导轨、井式供料、称重、装配和视觉。编辑工业机器人工作站 PLC 程序时，可以将 11 个 Main 程序拖入到程序段中，但每个程序段内只能有一行程序，不可以出现多行的情况，如图 5-23

图 5-22　打开机器人 Main 程序

项目5 工业机器人工作站应用编程及集成

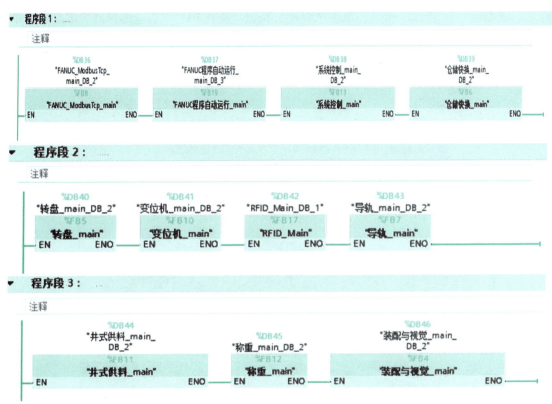

图 5-23 工业机器人工作站模块化程序

所示。根据任务要求也可以精准选取模块，只选取装配程序相关的程序块。

3) 检查设备网络。单击程序下载按钮，如图 5-24 所示。单击"在不同步的情况下继续"按钮，如图 5-25 所示。"停止模块"选择"全部停止"如图 5-26 所示；程序装载后选

图 5-24 PLC 程序下载

图 5-25 在不同步的情况下继续

择"启动模块"如图 5-27 所示,单击"完成"按钮。检查 PLC 是否全部绿灯,不是的话单击 PLC 启动按钮,如图 5-28 所示。

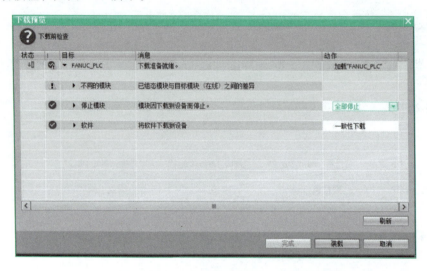

图 5-26 "停止模块"选择"全部停止"

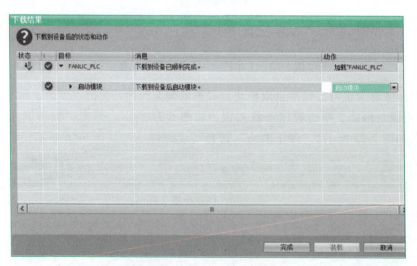

图 5-27 选择"启动模块"

图 5-28 单击 PLC 启动按钮

4. 机器人程序设计

根据机器人程序流程图、电动机装配图设计机器人程序。

主程序:

RSR0001   程序名称

1:CALL INITIALIZE   调用初始化子程序

2:CALL PICKTOOL4   调用抓 4 号夹具子程序
3:CALL PICKDJZP   调用抓电动机至变位机子程序
4:CALL PLACETOOL4   调用放 4 号夹具子程序
5:CALL PICKTOOL1   调用抓 1 号夹具子程序
6:CALL PICKZZ   调用抓转子子程序
7:CALL PLACETOOL1   调用放 1 号夹具子程序
8:CALL PICKTOOL2   调用抓 2 号夹具子程序
9:CALL PICKGZ   调用抓盖子子程序
10:CALL PLACETOOL2   调用放 2 号夹具子程序
11:CALL PICKTOOL4   调用抓 4 号夹具子程序
12:CALL PICKDJRK   调用抓电动机入库子程序
13:CALL PLACETOOL4   调用放 4 号夹具子程序
14:J PR[19] 100% FINE   机器人回 HOME 点
15:END   程序执行完毕

子程序:
INITIALIZE   程序名(初始化)
1:DO[241:OFF] = OFF   复位装配气缸
2:DO[164:OFF] = OFF   复位变位机 1 号位置
3:DO[165:OFF] = OFF   复位变位机 2 号位置
4:DO[166:OFF] = OFF   复位变位机 3 号位置
5:DO[152:OFF] = OFF   清除转盘到位信号
6:DO[137:OFF] = OFF   复位转盘启动信号
7:DO[194:OFF] = OFF   复位 RFID 检测信号
8:RO[1:OFF] = OFF   复位快换夹具信号
9:RO[3:OFF] = OFF   复位手爪夹具信号
10:J PR[19] 20% CNT100   机器人回 HOME 点
11:END   程序执行完毕

PICKTOOL4   程序名称(抓 4 号夹具)
1:J P[1] 20% CNT100   安全点位
2:J P[2] 100% CNT100   中间点位
3:L P[3] 50mm/sec FINE   抓取点位
4:RO[1:OFF] = ON   吸取 1 号夹具
5:WAIT 1.00(sec)   等待 1s
6:L P[4] 50mm/sec FINE   抬起 4 号夹具
7:L P[5] 100mm/sec FINE   移出 4 号夹具库
8:L P[6] 100mm/sec FINE   抬起至安全位置
9:L PR[19] 100mm/sec FINE   机器人回 HOME 点

10：END   程序结束

PICKDJZP   程序名称（抓电机外壳进行装配）
1：DO［164：OFF］=ON   变位机去 1 号位置
2：WAIT DI［164：OFF］=ON   等待变位机到达 1 号位置
3：DO［164：OFF］=OFF   复位变位机 1 号位置
4：J P［1］20% CNT100   安全位置
5：L P［2］50mm/sec FINE   抓取位置
6：RO［3：OFF］=ON   夹取 1 号电动机外壳
7：WAIT 1.00（sec）   等待 1s 夹紧
8：L P［1］100mm/sec FINE   提取至安全位置
9：L P［3］100mm/sec FINE   中间位置
10：L P［4］100mm/sec FINE   安全位置
11：L P［5］100mm/sec FINE   放置位置
12：DO［241：OFF］=ON   装配气缸夹紧
13：WAIT 1.00（sec）   等待 1s
14：RO［3：OFF］=OFF   放置 1 号电动机外壳
15：WAIT 1.00（sec）   等待 1s
16：L P［4］100mm/sec FINE   移动至安全位置

PLACETOOL4   程序名称（放 4 号夹具）
1：J P［1］20% FINE   中间点位
2：L P［2］100mm/sec FINE   准备移至 4 号夹具位置
3：L P［3］100mm/sec FINE   进入 4 号夹具位置
4：L P［4］100mm/sec FINE   达到 4 号夹具位置
5：RO［1：OFF］=OFF   放置 4 号夹具
6：WAIT 1.00（sec）   等待 1s
7：L P［5］100mm/sec FINE   移至安全位置
8：END   程序结束

PICKTOOL1   程序名称（抓 1 号夹具）
1：J P［1］20% CNT100   安全点位
2：J P［2］100% CNT100   中间点位
3：L P［3］50mm/sec FINE   抓取点位
4：RO［1：OFF］=ON   吸取 1 号夹具
5：WAIT 1.00（sec）   等待 1s
6：L P［4］50mm/sec FINE   抬起 1 号夹具
7：L P［5］100mm/sec FINE   移出 1 号夹具库
8：L P［6］100mm/sec FINE   抬起至安全位置
9：L PR［19］100mm/sec FINE   机器人回 HOME 点

10:END   程序结束

PICKZZ   程序名称(抓电动机转子)
1:DO[165:OFF]=ON   变位机去2号位置
2:WAIT DI[165:OFF]=ON   等待变位机到达位置
3:DO[165:OFF]=OFF   复位变位机2号位置信号
4:J P[1] 20% CNT100   安全位置
5:L P[3] 100mm/sec FINE   安全位置
6:L P[5] 100mm/sec FINE   抓取位置
7:RO[3:OFF]=ON   抓取转子
8:WAIT 1.00(sec)   等待1s
9:L P[3] 100mm/sec FINE   提取至安全位置
10:L P[2] 100mm/sec FINE   放置中间位
11:L P[4] 100mm/sec FINE   放置位置
12:RO[3:OFF]=OFF   装配转子
13:WAIT 1.00(sec)   等待1s
14:L P[2] 100mm/sec FINE   移至安全位置

PLACETOOL1   程序名称（放1号夹具）
1:J P[1] 20% FINE   中间点位
2:L P[2] 100mm/sec FINE   准备移至1号夹具位置
3:L P[3] 100mm/sec FINE   进入1号夹具位置
4:L P[4] 100mm/sec FINE   达到1号夹具位置
5:RO[1:OFF]=OFF   放置1号夹具
6:WAIT 1.00(sec)   等待1s
7:L P[5] 100mm/sec FINE   移至安全位置
8:END   程序结束

PICKTOOL2   程序名称(抓2号夹具)
1:J P[1] 20% CNT100   安全点位
2:J P[2] 100% CNT100   中间点位
3:L P[3] 50mm/sec FINE   抓取点位
4:RO[1:OFF]=ON   吸取2号夹具
5:WAIT 1.00(sec)   等待1s
6:L P[4] 50mm/sec FINE   抬起2号夹具
7:L P[5] 100mm/sec FINE   移出2号夹具库
8:L P[6] 100mm/sec FINE   抬起至安全位置
9:L PR[19] 100mm/sec FINE   机器人回HOME点
10:END   程序结束

PICKGZ   程序名称(抓电动机盖子)
1:J P[1] 20% CNT100   安全位置
2:L P[3] 100mm/sec FINE   中间位置
3:L P[5] 100mm/sec FINE   抓取位置
4:RO[3:OFF]=ON   抓取电机盖子
5:WAIT 1.00(sec)   等待1s
6:L P[3] 100mm/sec FINE   提取至安全位置
7:L P[2] 100mm/sec FINE   放置中间位
8:L P[4] 100mm/sec FINE   放置位置
9:RO[3:OFF]=OFF   装配电子盖子
10:WAIT 1.00(sec)   等待1s
11:L P[2] 100mm/sec FINE   移至安全位置

PLACETOOL2   程序名称（放 2 号夹具）
1:J P[1] 20% FINE   中间点位
2:L P[2] 100mm/sec FINE   准备移至 2 号夹具位置
3:L P[3] 100mm/sec FINE   进入 2 号夹具位置
4:L P[4] 100mm/sec FINE   达到 2 号夹具位置
5:RO[1:OFF]=OFF   放置 2 号夹具
6:WAIT 1.00(sec)   等待 1s
7:L P[5] 100mm/sec FINE   移至安全位置
8:END   程序结束

PICKTOOL4   程序名称(抓 4 号夹具)
1:J P[1] 20% CNT100   安全点位
2:J P[2] 100% CNT100   中间点位
3:L P[3] 50mm/sec FINE   抓取点位
4:RO[1:OFF]=ON   吸取 1 号夹具
5:WAIT 1.00(sec)   等待 1s
6:L P[4] 50mm/sec FINE   抬起 4 号夹具
7:L P[5] 100mm/sec FINE   移出 4 号夹具库
8:L P[6] 100mm/sec FINE   抬起至安全位置
9:L PR[19] 100mm/sec FINE   机器人回 HOME 点
10:END   程序结束

PICKDJRK   程序名称(电动机成品入库)
1:DO[164:OFF]=ON   变位机去 1 号位置
2:WAIT DI[164:OFF]=ON   等待变位机到达位置

3:DO[164:OFF] = OFF	复位变位机 1 号位置
4:J P[1] 20% FINE	安全位置
5:L P[3] 100mm/sec FINE	中间位置
6:L P[5] 100mm/sec FINE	抓取位置
7:RO[3:OFF] = ON	抓取电动机
8:WAIT 1.00(sec)	等待 1s
9:DO[241:OFF] = OFF	气缸缩回
10:WAIT DI[241:OFF] = ON	等待气缸缩回到位
11:L P[3] 100mm/sec FINE	提取至安全位置
12:L P[2] 100mm/sec FINE	检测中间位
13:L P[4] 100mm/sec FINE	检测位置
14:DO[194:OFF] = ON	开启 RFID 检测
15:L P[7] 100mm/sec FINE	进行 RFID 检测(距离读写头 2mm 高度处前后移动一下)
16:WAIT 2.00(sec)	等待 2s
17:L P[8] 100mm/sec FINE	检测完毕 移至安全位置
18:IF GI[5] = 1,CALL WAREHOUSE1	如果检测的结果为 DI105 为 ON,则入 1 号库(调用 1 号入库子程序)
19:IF GI[5] = 2,CALL WAREHOUSE2	如果检测的结果为 DI106 为 ON,则入 2 号库(调用 2 号入库子程序)
20:IF GI[5] = 3,CALL WAREHOUSE3	如果检测的结果为 DI107 为 ON,则入 3 号库(调用 3 号入库子程序)
21:IFGI[5] = 4,CALL WAREHOUSE4	如果检测的结果为 DI108 为 ON,则入 4 号库(调用 4 号入库子程序)
22:ENDFOR	循环结束
23:J PR[19] 2% FINE	机器人回 HOME 点
PLACETOOL4	程序名称(放 4 号夹具)
1:J P[1] 20% FINE	中间点位
2:L P[2] 100mm/sec FINE	准备移至 4 号夹具位置
3:L P[3] 100mm/sec FINE	进入 4 号夹具位置
4:L P[4] 100mm/sec FINE	达到 4 号夹具位置
5:RO[1:OFF] = OFF	放置 4 号夹具
6:WAIT 1.00(sec)	等待 1s
7:L P[5] 100mm/sec FINE	移至安全位置
8:END	程序结束
WAREHOUSE1	程序名称(1 号库位子程序)
1:L P[1] 100mm/sec FINE	安全位置

2:L P[2] 100mm/sec FINE   放置位置
3:RO[3:OFF]=OFF   放入 1 号库位
4:WAIT 1.00(sec)   等待 1s
5:L P[3] 100mm/sec FINE   退出 1 号库位
6:L PR[19] 100mm/sec FINE   机器人回 HOME 点
7:DO[194:OFF]=OFF   关闭 RFID 检测

WAREHOUSE2   程序名称（2 号库位子程序）
1:L P[1] 100mm/sec FINE   安全位置
2:L P[2] 100mm/sec FINE   放置位置
3:RO[3:OFF]=OFF   放入 2 号库位
4:WAIT 1.00(sec)   等待 1s
5:L P[3] 100mm/sec FINE   退出 2 号库位
6:L PR[19] 100mm/sec FINE   机器人回 HOME 点
7:DO[194:OFF]=OFF   关闭 RFID 检测

WAREHOUSE3   程序名称（3 号库位子程序）
1:L P[1] 100mm/sec FINE   安全位置
2:L P[2] 100mm/sec FINE   放置位置
3:RO[3:OFF]=OFF   放入 3 号库位
4:WAIT 1.00(sec)   等待 1s
5:L P[3] 100mm/sec FINE   退出 3 号库位
6:L PR[19] 100mm/sec FINE   机器人回 HOME 点
7:DO[194:OFF]=OFF   关闭 RFID 检测

WAREHOUSE4   程序名称（4 号库位子程序）
1:L P[1] 100mm/sec FINE   安全位置
2:L P[2] 100mm/sec FINE   放置位置
3:RO[3:OFF]=OFF   入 4 号库位
4:WAIT 1.00(sec)   等待 1s
5:L P[3] 100mm/sec FINE   退出 4 号库位
6:L PR[19] 100mm/sec FINE   机器人回 HOME 点
7:DO[194:OFF]=OFF   关闭 RFID 检测

5. 实训步骤及方法

1）将各模块安装到桌面的合适位置。

2）将三种夹具分别放入 1、3、4 号夹具库。

3）使用机器人示教器对该模块进行示教编程及集成。

注意：变位机需要手动先进行回原点操作；RFID 检测不能一直开启，检测完毕后应该断开检测信号。

项目5 工业机器人工作站应用编程及集成

任务 5.2 传送带视觉分拣流水线实训

一、实训目的

1. 掌握机器人的点位示教及 FOR 循环、IF 判断等指令的应用。
2. 掌握机器人的 I/O 指令及地址配置方法。
3. 掌握机器人的周边系统组态编程及 PLC 编程。
4. 掌握机器人的程序的调用指令，能进行传送带视觉分拣流水线的应用编程及集成。

二、任务准备

实施本任务教学所使用的实训设备及工具见表 5-4。

表 5-4 实训设备及工具

序号	工具
1	工业机器人应用编程标准实训平台
2	FANUC 机器人 LR Mate 200iD/4S
3	视觉模块、传送带模块、井式供料模块（包含黑白两种物料）和仓储模块
4	圆形物料夹具一套

传送带视觉分拣流水线工作站包含 6 轴工业机器人、井式供料模块、圆形物料夹具、视觉模块、传送带模块和仓储模块。这些模块可快速拆卸组合和更换其他模块，亦能达到装配训练的目的，根据训练任务的不同可单独使用，也可自由组合使用。这里选用井式供料模块（圆形黑白物料）和传送带模块进行物料运输，然后由视觉检测进行分类入库。将如图 5-29 所示的模块在桌面上的合适位置安装好，将圆形夹具放置于夹具库 1 中，将各模块的型号线缆连接好，视觉模块和传送带模块的配置详见前面的内容，这里默认配置修改全部完成，只进行机器人程序的编制。检测黑白物料：白色输出信号，放置于库位上层；黑色不输出信号，放置在库位下层。

a)   b)   c)   d)

图 5-29 传送带视觉分拣工作站模块

三、工作站桌面布局

传送带视觉分拣工作站桌面布局如图 5-30 所示，也可以根据自己的想法进行不同的桌

119

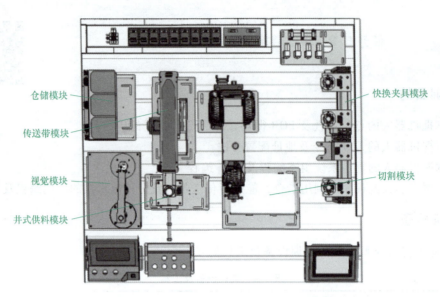

图 5-30 传送带视觉分拣工作站桌面布局图

面布局，模块不变，其编程原理不变。根据布局进行传送带视觉分拣流水线的程序编写。

工作站所用的机器人末端工具如图 5-31 所示。

井式供料模块中的两种物料如图 5-32 所示。

图 5-31 工业机器人末端工具　　　　图 5-32 两种物料

四、相关指令及其 I/O 点位

1）线性运动指令：线性运动指令用于将 TCP 沿直线移动至给定目标点。当 TCP 保持固定时，该指令亦可用于调整工具方位。

2）关节运动指令：当机器人无须沿直线运动时，关节运动指令用于将机械臂迅速地从一点移动至另一点，机械臂和外部轴沿非线性路径运动至目标位置，所有轴均同时到达目标位置。

3）圆弧运动指令：圆弧运动指令用于圆弧运动，需要示教 2 个点位：圆弧的中间点以及终点。

RO［1］=ON/OFF：用于置位和复位机器人快换夹具信号。

DO［115］=ON/OFF：用于置位和复位机器人数字 I/O 信号。

CALL：机器人程序调用指令。

WAIT：等待指令，可等待时间，也可等待信号。
IF：判断指令。
本任务中的 I/O 点位信号功能见表 5-5。

表 5-5　I/O 点位信号功能

信　　号	信号功能
DO209	推料气缸控制
DO210	顶料气缸控制
DO211	传送带启停控制
DI209	推料气缸后限位
DI210	顶料气缸后限位
DI211	传送带运行状态
DI212	传送带前段检测
DI213	传送带后端检测
DI214	料仓物料检测
DI242	视觉信号反馈（白色输出，黑色不输出）
RO[1]	机器人快换夹具信号
RO[3]	机器人手爪夹具信号

五、视觉分拣机器人运行轨迹

传送带视觉分拣工作站桌面布局如图 5-30 所示，对机器人的视觉分拣轨迹进行规划，并绘制出机器人运行轨迹图。

六、示教要求及机器人程序的编写

1. 示教要求

1）在进行视觉分拣示教时，针对黑、白料必须使用专用工具。
2）工业机器人运行轨迹要求平缓流畅。
3）因该工作站涉及的目标点较多，可分解为多个子程序，每个子程序包含一个独立的目标点程序，在主程序中调用不同图案的子程序即可。各个程序结构清晰，利于查看、修改。本项目将设置一个主程序和若干子程序。

2. 设计机器人程序流程图

根据机器人控制功能设计机器人程序流程图如图 5-33 所示。其动作包括系统初始化、机器人取夹具、视觉分拣、放夹具、机器人归位以及动作结束。

图 5-33　机器人程序流程图

3. 机器人周边系统组态编程及 PLC 编程

（1）组态编程　打开博图软件，对 PLC、HMI 和称重模块进行组态及编程，绘制 HMI 画面并配置相关变量，实现在 HMI 上正确显示立体库仓位信息、称重数据和视觉检测颜色信息，如图 5-34 所示。同时打开视觉调试软件，将物料正确放置在传送带末端，对工件进行学习训练，并获取物料的相关特征数据。

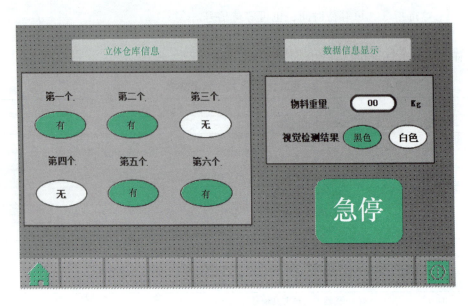

图 5-34 HMI 控制界面

（2）PLC 编程　打开 PLC 软件，对 PLC、HMI 和称重模块进行组态，编写 PLC 程序，建立机器人与 PLC、称重模块、立体库仓位信息的通信，编写称重模块程序，编制组态对应的模块程序，在 HMI 控制界面中正确显示物料颜色信息、称重数据和仓位信息。PLC 编程步骤可参照工业机器人电动机装配应用编程与集成实训项目。

4. 机器人程序设计

根据机器人程序流程图、视觉分拣图设计机器人程序。

主程序：

RSR0001	程序名称
1：CALL INITIALIZE	调用初始化子程序
2：CALL PICKTOOL1	调用抓 1 号夹具子程序
3：CALL PICKWLJJ	调用抓黑、白物料检测入库子程序
4：CALL PLACETOOL1	调用放 11 号夹具子程序
5：J PR［19］100% FINE	机器人回 HOME 点
6：END	程序执行完毕

子程序：

INITIALIZE	程序名（初始化）
1：R［1］= 0	清除 RR［1］的值
2：R［2］= 0	清除 RR［2］的值
3：DO［209：OFF］= OFF	复位推料
4：DO［210：OFF］= OFF	复位顶料气缸
5：DO［211：OFF］= OFF	复位输送带开启信号
6：DO［242：OFF］= OFF	复位拍照信号
7：RO［1：OFF］= OFF	复位快换夹具信号

8:RO[3:OFF]=OFF   复位手爪夹具信号
9:J PR[19] 20% CNT100   机器人回 HOME 点
10:END   程序执行完毕

PICKTOOL1   程序名称(抓 1 号夹具)
1:J P[1] 10% CNT100   安全点位
2:J P[2] 100% CNT100   中间点位
3:L P[3] 50mm/sec FINE   抓取点位
4:RO[1:OFF]=ON   吸取 1 号夹具
5:WAIT 1.00(sec)   等待 1s
6:L P[4] 50mm/sec FINE   抬起 1 号夹具
7:L P[5] 100mm/sec FINE   移出 1 号夹具库
8:L P[6] 100mm/sec FINE   抬起至安全位置
9:L PR[19] 100mm/sec FINE   机器人回 HOME 点
10:END   程序结束

PICKWLJJ   程序名称(抓电动机外壳进行装配)
1:FOR R[1]=0 TO 5   循环 6 次
2:WAIT DI[214:OFF]=ON   等待料仓物料到位
3:DO[210:OFF]=ON   顶料气缸顶料
4:WAIT 0.50(sec)   等到 0.5s
5:DO[209:OFF]=ON   推料气缸推出物料
6:WAIT DI[212:OFF]=ON   等待物料推出到位
7:DO[211:OFF]=ON   传送带进行物料运输
8:DO[209:OFF]=OFF   推料气缸缩回
9:WAIT DI[209:OFF]=ON   等待推料气缸缩回到位
10:DO[210:OFF]=OFF   顶料气缸缩回
11:WAIT DI[213:OFF]=ON   等待物料运输到位
13:J P[1] 20% CNT100   安全位置
14:L P[2] 50mm/sec FINE   抓取位置
15:RO[3:OFF]=ON   夹取 1 号物料
16:WAIT 1.00(sec)   等待 1s 夹紧
17:L P[1] 100mm/sec FINE   提取至安全位置
18:L P[3] 100mm/sec FINE   中间位置
19:L P[4] 100mm/sec FINE   安全位置
20:L P[5] 100mm/sec FINE   放置位置
21:WAIT 1.00(sec)   等到 1s
22:RO[3:OFF]=OFF   放置 1 号物料
23:WAIT 1.00(sec)   等到 1s

```
24:L P[4] 100mm/sec FINE              移动至安全位置
25:DO[242:OFF] = ON                   视觉开始拍照
26:WAIT 2.00(sec)                     等待拍照完成
27:DO[242:OFF] = OFF                  复位视觉拍照信号
28:J P[6] 20% CNT100                  安全位置
29:L P[5] 50mm/sec FINE               抓取位置
30:RO[3:OFF] = ON                     夹取 1 号物料
31:WAIT 1.00(sec)                     等待 1s 夹紧
32:L P[1] 100mm/sec FINE              提取至安全位置
33:L P[3] 100mm/sec FINE              中间位置
34:IF DI[242:OFF] = ON,THEN           判断信号有无输出:黑色物料无输出,白色物料
                                      有输出
35:CALL BSWL                          调用白色物料程序
36:ELASE                              条件不满足时
37:CALL HSWL                          调用黑色物料程序
38:ENDIF                              判断结束
39:ENDFOR                             循环结束
40:END                                程序运行结束


BSWL
1:IF R[2] = 0,JMP LBL[1]              判断第几次物料入库,等于 0 入第一个库
2:IF R[2] = 1,JMP LBL[2]              等于 1 入第二个库位
3:IF R[2] = 2,JMP LBL[3]              等于 2 入第三个库位
4:LBL[1]                              第一次入上层第一个库位
5:L P[1] 100mm/sec FINE               安全位置
6:L P[2] 100mm/sec FINE               中间位置
7:L P[3] 100mm/sec FINE               放置位置
8:RO[3] = OFF                         放置物料
9:WAIT 1.00(sec)                      等待物料放置到位
10:L P[4] 100mm/sec FINE              退出库位
11:L P[5] 100mm/sec FINE              回到安全位置
12:JMP LBL[4]                         跳转至标签 4
13:LBL[2]                             第二次入上层第二个库位
14:L P[6] 100mm/sec FINE
15:L P[7] 100mm/sec FINE
16:L P[8] 100mm/sec FINE
17:RO[3] = OFF
18:WAIT 1.00(sec)
19:L P[9] 100mm/sec FINE
```

20:L P[10] 100mm/sec FINE
21:JMP LBL[4]
22:LBL[3]   第三次次入上层第三个库位
23:L P[11] 100mm/sec FINE
24:L P[12] 100mm/sec FINE
25:L P[13] 100mm/sec FINE
26:RO[3]=OFF
27:WAIT 1.00(sec)
28:L P[14] 100mm/sec FINE
29:L P[15] 100mm/sec FINE
30:JMP LBL[4]   跳转至标签4
31:LBL[4]
32:EndIf
34:R[2]=R[2]+1   运行一次R[2]自加1
35:End

HSWL   黑色物料逻辑同上
1:IF R[3]=0,JMP LBL[1]
2:IF R[3]=1,JMP LBL[2]
3:IF R[3]=2,JMP LBL[3]
4:LBL[1]
5:L P[1] 100mm/sec FINE
6:L P[2] 100mm/sec FINE
7:L P[3] 100mm/sec FINE
8:RO[3]=OFF
9:WAIT 1.00(sec)
10:L P[4] 100mm/sec FINE
11:L P[5] 100mm/sec FINE
12:JMP LBL[4]
13:LBL[2]
14:L P[6] 100mm/sec FINE
15:L P[7] 100mm/sec FINE
16:L P[8] 100mm/sec FINE
17:RO[3]=OFF
18:WAIT 1.00(sec)
19:10:L P[9] 100mm/sec FINE
20:11:L P[10] 100mm/sec FINE
21:JMP LBL[4]
22:LBL[3]

23：L P［11］100mm/sec FINE

24：L P［12］100mm/sec FINE

25：L P［13］100mm/sec FINE

26：RO［3］=OFF

27：WAIT 1.00(sec)

28：L P［14］100mm/sec FINE

29：L P［15］100mm/sec FINE

30：JMP LBL［4］

31：LBL［4］

32：EndIf

33：R［3］=R［3］+1

34：End

PLACETOOL1	程序名称（放 1 号夹具）
1：J P［1］20% FINE	中间点位
2：L P［2］100mm/sec FINE	准备移至 1 号夹具位置
3：L P［3］100mm/sec FINE	进入 1 号夹具位置
4：L P［4］100mm/sec FINE	达到 1 号夹具位置
5：RO［1:OFF］=OFF	放置 1 号夹具
6：WAIT 1.00(sec)	等待 1s
7：L P［5］100mm/sec FINE	移至安全位置
8：END	程序结束

5．实训步骤及方法

1）将各模块安装到桌面的合适位置。

2）将圆形物料夹具放置于快换夹具库内。

3）使用机器人示教器对该模块进行示教编程及集成。

注意：检查设备气压是否正常，以免使用快换夹具时发生碰撞。

项目评价

项目测评表

考核点	主要内容	技术要求	分值	评分记录
1	认识工业机器人应用编程及集成	1. FANUC 机器人与 S7-1200 通信编程，IP 地址及 Modbus 协议配置等 2. 多工位旋转模块、变位机模块、传送带模块和 RFID 模块的工作原理及应用	20	
2	一套电动机装配实训模块	1. 工作站桌面布局及安装 2. 电动机搬运机器人运行轨迹 3. 机器人的程序编写及示教	30	
3	传送带视觉分拣流水线实训模块	1. 工作站桌面布局 2. 视觉分拣机器人运行轨迹 3. 机器人的程序编写及示教	30	

项目5 工业机器人工作站应用编程及集成

（续）

考核点	主要内容	技术要求	分值	评分记录
4	综合职业素养	1. 工位保持清洁，物品整齐 2. 着装规范整洁，佩戴安全帽 3. 操作规范，爱护设备 4. 遵守 6S 管理规范 5. 协同创新、勇于创新的工匠精神	20	

项目反馈

项目学习情况：

心得与反思：

项目拓展

1. 按照电动机装配与入库工作站模块布局图完成布局和安装

现有一台工业机器人电动机装配与入库工作站，工作站由 FANUC 工业机器人、旋转供料模块、电动机搬运模块、视觉称重检测模块、涂胶模块、快换夹具装置和仓储模块等组成。电动机装配与入库工作站各模块布局如图 5-35 所示。关节坐标系下工业机器人工作原点位置为 [0°，0°，0°，0°，-90°，0°]。

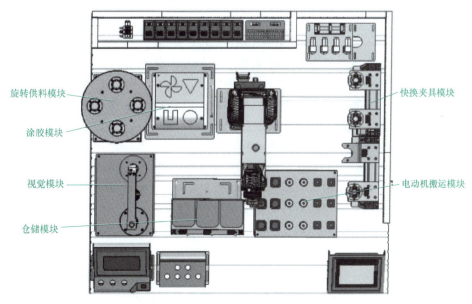

图 5-35　电动机装配与入库工作站模块布局图

工作站所用的机器人末端夹具如图 5-36 所示。

机器人手爪放置位置如图 5-37 所示。

图 5-36　工业机器人末端夹具

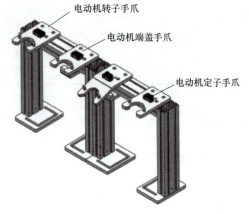

图 5-37　机器人手爪放置位置

工业机器人电动机成品由电动机定子、电动机转子和电动机端盖组装而成，电动机装配时需首先将电动机转子装配到电动机定子中，再将电动机端盖装配到电动机转子上。工业机器人电动机装配物料及成品如图 5-38 所示。

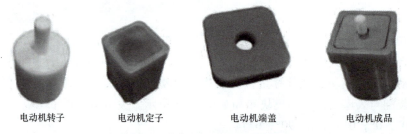

图 5-38　电机装配工件

2. 根据任务要求，完成机器人电动机装配入库应用编程

现有一台工业机器人电动机装配入库工作站。试对工业机器人进行现场编程或离线编程，应用视觉软件对工件模型进行学习训练，对 PLC、HMI、视觉进行组态和相关通信编程，在示教器中创建并设置机器人控制、相机控制、PLC 控制等多个任务，编写工业机器人程序实现物料的装配、检测、称重和入库过程。

工业机器人电动机装配入库工作站的控制要求如下：

1）工件准备：本任务需要完成 2 套电动机模型的装配、视觉检测、称重和入库过程。手动将 2 个电动机定子放置在搬运模块的电动机定子库位，2 个电动机端盖放置在搬运模块的电动机端盖库位，电动机转子随机放置在旋转供料料仓内。

2）工件学习训练：打开视觉软件，连接相机，将需要检测的工件以正确角度摆放在监测平台上。相机拍照，利用视觉软件相关工具训练学习工件，获取工件信息。

3）PLC 组态及编程：打开 PLC 软件，对 PLC、视觉模块、称重模块进行组态，编写 PLC 程序，建立机器人与 PLC、称重模块、立体库仓位信息的通信，绘制 HMI 画面，在 HMI 画面中正确显示电动机是否装配合格、称重数据和仓位信息。

4）工作站工作过程。

① 系统初始复位：将工业机器人手动操作至机器人安全位置，检查仓库内有无工件，机器人末端有无工具，工业机器人是否返回至工作原点（关节坐标系工作原点位置为（0°，0°，0°，0°，-90°，0°）），旋转供料模块是否处于回归原点状态，电动机搬运模块物料是否放置在如图5-39所示的位置。

② 切换末端夹具：机器人末端移至快换夹具装置，选择电动机转子手爪。

③ 物料装配：机器人取出夹具后，旋转供料模块立即开始运行，将电动机转子运送至机器人最近处，机器人前往抓取电动机转子装配到定子中。放置完成后，机器人切换末端夹具，从电动机搬运模块上抓取端盖装配到电动机转子上，完成一套电动机的装配。

④ 物料检测：机器人将装配成品电动机搬运至视觉检测平台，相机拍照，获取物料装配完整度，并在HMI上正确显示电动机是否合格信息。

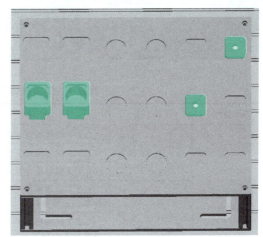

图 5-39 电动机搬运模块物料位置

⑤ 重量检测：相机拍照完成后，使用称重模块进行重量检测，并将重量数据在HMI上正确显示。

⑥ 成品入库：数据检测完成后，机器人将合格的电动机放入立体库上层库位，不合格的放入立体库下层库位，完成一套电动机的装配检测和成品入库流程。

⑦ 放置末端夹具：成品入库后，机器人自动将末端夹具放入快换夹具装置。

⑧ 第二套物料入库：第一套物料入库完成后，依次循环步骤②~⑥，完成第二套物料的装配检测和成品入库。

⑨ 系统结束复位：末端夹具放置完成后，机器人自动返回工作原点（0°，0°，0°，0°，-90°，0°）。

⑩ 系统急停：在工业机器人运行过程中按下急停按钮，工业机器人立即停止，停止后须手动操作机器人回到工作原点（0°，0°，0°，0°，-90°，0°），重新加载程序后且系统复位后，重新按照步骤①可再次运行工业机器人系统。

请正确进行工业机器人相关参数设置，对工业机器人进行现场编程或离线编程，使两套工业机器人进行物料的搬运、装配、检测和入库过程。将机器人切换至自动模式，自动连续运行以上任务。

3. 思考与问答

1）为什么需要建立多个子程序？如何进行程序简化？

2）创建多个夹具子程序时有哪些简便方法？

附录 工业机器人应用编程 X证书标准

附表 1　工业机器人应用编程（初级）

工作领域	工作任务	技能要求
1. 工业机器人参数设置	1.1 工业机器人运行参数设置	1.1.1 能够通过示教器或控制柜设定工业机器人手动、自动等运行模式
		1.1.2 能够根据工作任务要求用示教器设定运行速度
		1.1.3 能够根据操作手册设定语言界面、系统时间和用户权限等环境参数
	1.2 工业机器人坐标系设置	1.2.1 能够根据工作任务要求选择和调用世界坐标系、基坐标系、用户（工件）坐标系和工具坐标系
		1.2.2 能够根据操作手册，创建工具坐标系，并使用四点法、六点法等方法进行工具坐标系的标定
		1.2.3 能够根据工作任务要求，创建用户（工件）坐标系，并使用三点法等方法进行用户（工件）坐标系的标定
2. 工业机器人操作	2.1 工业机器人手动操作	2.1.1 能够根据安全规程，正确启动、停止工业机器人，安全操作工业机器人
		2.1.2 能够及时判断外部危险情况，操作急停按钮等安全装置
		2.1.3 能够根据工作任务要求，选择和使用手爪、吸盘及焊枪等末端工具
		2.1.4 能够根据工作任务要求使用示教器，对工业机器人进行单轴、线性和重定位等操作
	2.2 工业机器人试运行	2.2.1 能够根据工作任务要求，选择和加载工业机器人程序
		2.2.2 能够使用单步、连续等方式，运行工业机器人程序
		2.2.3 能够根据运行结果对位置、姿态和速度等工业机器人程序参数进行调整
	2.3 工业机器人系统备份与恢复	2.3.1 能够根据用户要求对工业机器人系统程序和参数等数据进行备份
		2.3.2 能够根据用户要求对工业机器人系统程序和参数等数据进行恢复
		2.3.3 能够进行工业机器人程序和配置文件等的导入与导出
3. 工业机器人示教编程	3.1 基本程序示教编程	3.1.1 能够使用示教器创建程序，对程序进行复制、粘贴和重命名等编辑操作
		3.1.2 能够根据工作任务要求使用直线、圆弧和关节等运动指令进行示教编程
		3.1.3 能够根据工作任务要求修改直线、圆弧和关节等运动指令参数和程序
	3.2 简单外围设备控制示教编程	3.2.1 能够根据工作任务要求，运用机器人 I/O 设置传感器、电磁阀等 I/O 参数，编制供料等装置的工业机器人上、下料程序
		3.2.2 能够根据工作任务要求，设置传感器、电动机驱动器等参数，编制传送带等装置的工业机器人上、下料程序
		3.2.3 能够根据工作任务要求，设置传感器等 I/O 参数，编制立体仓库等装置的工业机器人上、下料程序
	3.3 工业机器人典型应用示教编程	3.3.1 能够根据工作任务要求，编制搬运、装配、码垛和涂胶等工业机器人应用程序
		3.3.2 能够根据工作任务要求，编制搬运、装配、码垛和涂胶等综合流程的工业机器人应用程序
		3.3.3 能够根据工艺流程调整要求及程序运行结果，对搬运、装配、码垛和涂胶等工业机器人应用程序进行调整

附表 2 工业机器人应用编程（中级）

工作领域	工作任务	技能要求
1. 工业机器人参数设置	1.1 工业机器人系统参数设置	1.1.1 能够根据工作任务要求设置总线、数字量 I/O 及模拟量 I/O 等扩展模块参数
		1.1.2 能够根据工作任务要求设置、编辑 I/O 参数
		1.1.3 能够根据工作任务要求设置工业机器人的工作空间
	1.2 工业机器人示教器设置	1.2.1 能够根据操作手册使用示教器配置亮度、校准等参数
		1.2.2 能够根据用户需求配置示教器的预定义键
	1.3 工业机器人系统外部设备参数设置	1.3.1 能够按照作业指导书安装焊接、打磨和雕刻等工业机器人系统外部设备
		1.3.2 能够根据操作手册设定焊接、打磨和雕刻等工业机器人系统的外部设备参数
		1.3.3 能够根据操作手册调试焊接、打磨和雕刻等工业机器人系统外部设备
2. 工业机器人系统编程	2.1 扩展 I/O 应用编程	2.1.1 能够根据工作任务要求，利用扩展的数字量 I/O 信号对供料、输送等典型单元进行机器人应用编程
		2.1.2 能够根据工作任务要求，利用扩展的模拟量信号对输送、检测等典型单元进行机器人应用编程
		2.1.3 能够根据工作任务要求，通过组信号与 PLC 实现通信
	2.2 工业机器人高级编程	2.2.1 能够根据工作任务要求使用高级功能调整程序位置
		2.2.2 能够根据工作任务要求进行中断、触发程序的编制
		2.2.3 能够根据工作任务要求，使用平移、旋转等方式完成程序变换
		2.2.4 能够根据工作任务要求，使用多任务方式编写机器人程序
	2.3 工业机器人系统外部设备通信与编程	2.3.1 能够根据工作任务要求，编制工业机器人与 PLC 等外部控制系统的应用程序
		2.3.2 能够根据工作任务要求，编制工业机器人结合机器视觉等智能传感器的应用程序
		2.3.3 能够根据产品定制及追溯要求，编制 RFID 应用程序
		2.3.4 能够根据工作任务要求，编制基于工业机器人的智能仓储应用程序
		2.3.5 能够根据工作任务要求，编制工业机器人单元人机界面程序
	2.4 工业机器人典型系统应用编程	2.4.1 能够根据工作任务要求，编制工业机器人焊接、打磨、喷涂和雕刻等应用程序
		2.4.2 能够根据工作任务要求，编制多种工艺流程组成的工业机器人系统的综合应用程序
		2.4.3 能够根据工艺流程调整要求及程序运行结果，对多工艺流程的工业机器人系统的综合应用程序进行调整和优化
3. 工业机器人系统离线编程与测试	3.1 仿真环境搭建	3.1.1 能够根据工作任务要求进行模型的创建和导入
		3.1.2 能够根据工作任务要求完成工作站系统布局
	3.2 参数配置	3.2.1 能够根据工作任务要求配置模型布局、颜色和透明度等参数
		3.2.2 能够根据工作任务要求配置工具参数并生成对应工具等的库文件
	3.3 编程仿真	3.3.1 能够根据工作任务要求实现搬运、码垛、焊接、抛光和喷涂等典型工业机器人应用系统的仿真

（续）

工作领域	工作任务	技能要求
3. 工业机器人系统离线编程与测试	3.3 编程仿真	3.3.2 能够根据工作任务要求实现搬运、码垛、焊接、抛光和喷涂等典型应用的工业机器人系统的离线编程和应用调试
	3.4 工业机器人标定与测试	3.4.1 能够根据工业机器人的性能参数要求配置测试环境，搭建测试系统
		3.4.2 能够根据操作规范对工业机器人杆长、关节角和零点等基本参数进行标定
		3.4.3 能够根据工业机器人性能参数要求对工作空间、速度、加速度和定位精度等参数进行测试
		3.4.4 能够根据工业机器人产品及用户要求撰写测试分析报告

附表3 工业机器人应用编程（高级）

工作领域	工作任务	技能要求
1. 工业机器人系统参数设置	1.1 带外部轴的系统设置	1.1.1 能够根据操作手册配置外部轴参数
		1.1.2 能够将系统配置参数导入工业机器人控制器
		1.1.3 能够根据工作任务要求配置系统各单元间的联锁信号
	1.2 带外部轴的系统标定	1.2.1 能够根据操作手册完成工业机器人本体与直线型外部轴的坐标系标定
		1.2.2 能够根据操作手册完成工业机器人本体与旋转型外部轴的坐标系标定
		1.2.3 能够根据操作手册完成多工业机器人本体间的坐标系标定
2. 工业机器人系统编程	2.1 工业机器人系统编程与优化	2.1.1 能够根据工艺要求调试工业机器人系统程序及参数
		2.1.2 能够根据工艺要求优化工业机器人系统程序
	2.2 带外部轴的工业机器人系统编程	2.2.1 能够根据工作任务要求，使用外部轴控制指令进行编程，实现直线轴联动
		2.2.2 能够根据工作任务要求，使用外部轴控制指令进行编程，实现旋转轴联动
	2.3 外部设备通信与应用程序编制	2.3.1 能够根据工作任务要求，运用现有通信功能模块，设置接口参数，编制外部设备通信程序
		2.3.2 能够根据工作任务要求，开发自定义的通信功能模块，编制外部设备通信程序
		2.3.3 能够根据工作任务要求，实现机器人与外部设备联动下的系统应用程序
	2.4 工业机器人生产线综合应用编程	2.4.1 能够根据工作任务要求，设计工艺流程并安装工业机器人生产线
		2.4.2 能够根据工作任务要求，开发工业机器人生产线人机界面程序
		2.4.3 能够根据工作任务要求，开发工业机器人生产线综合应用程序
3. 工业机器人系统仿真与开发	3.1 工业机器人系统虚拟调试	3.1.1 能够根据工作任务要求，在虚拟仿真软件中构建工业机器人应用系统，并进行虚拟调试参数配置
		3.1.2 能够根据生产工艺及现场要求，实现仿真编程验证、优化工业机器人系统及工艺流程
		3.1.3 能够根据工作任务要求，对工业机器人应用系统进行虚拟调试并进行验证

（续）

工作领域	工作任务	技能要求
3. 工业机器人系统仿真与开发	3.2 工业机器人二次开发	3.2.1 能够根据工作任务要求实现工业机器人系统的二次开发环境配置
		3.2.2 能够根据工作任务要求，利用SDK对工业机器人进行二次开发编程
		3.2.3 能够根据工作任务要求，开发示教器应用程序
	3.3 工业机器人产品测试	3.3.1 能够根据产品功能和性能参数要求配置测试环境，搭建测试系统
		3.3.2 能够对工业机器人应用系统的功能、性能和可靠性等进行综合测试分析
		3.3.3 能够根据产品及用户要求，撰写测试分析报告，提交合理化建议

参 考 文 献

［1］ 王志强，禹鑫燚，蒋庆斌，等. 工业机器人应用编程（ABB）中级［M］. 北京：高等教育出版社，2020.

［2］ 王志强，禹鑫燚，蒋庆斌，等. 工业机器人应用编程（FANUC）初级［M］. 北京：高等教育出版社，2020.

［3］ 黄维，余攀峰. FANUC 工业机器人离线编程与应用［M］. 北京：机械工业出版社，2020.

［4］ 张明文，王璐欢. 工业机器人视觉技术及应用［M］. 北京：人民邮电出版社，2020.

［5］ 张明文，于霜. 工业机器人编程操作（ABB 机器人）［M］. 北京：人民邮电出版社，2020.

［6］ 林燕文，陈南江，许文稼. 工业机器人技术基础［M］. 北京：人民邮电出版社，2019.

［7］ 智造云科技，左立浩，徐忠想，等. 工业机器人虚拟仿真应用教程［M］. 北京：机械工业出版社，2018.

［8］ 双元教育. 工业机器人现场编程［M］. 北京：高等教育出版社，2018.

［9］ 蒋正炎，郑秀丽. 工业机器人工作站安装与调试（ABB）［M］. 北京：机械工业出版社，2017.

［10］ 杨杰忠，邹火军. 工业机器人操作与编程［M］. 北京：机械工业出版社，2017.

［11］ 邓三鹏，周旺发，祁宇明. ABB 工业机器人编程与操作［M］. 北京：机械工业出版社，2018.